Eutergesundheit nachhaltig verbessern

Dr. agr. Katrin Mahlkow-Nerge, Dr. med. vet. Marion Tischer, Dr. med. vet. Reinhard Tschischkale

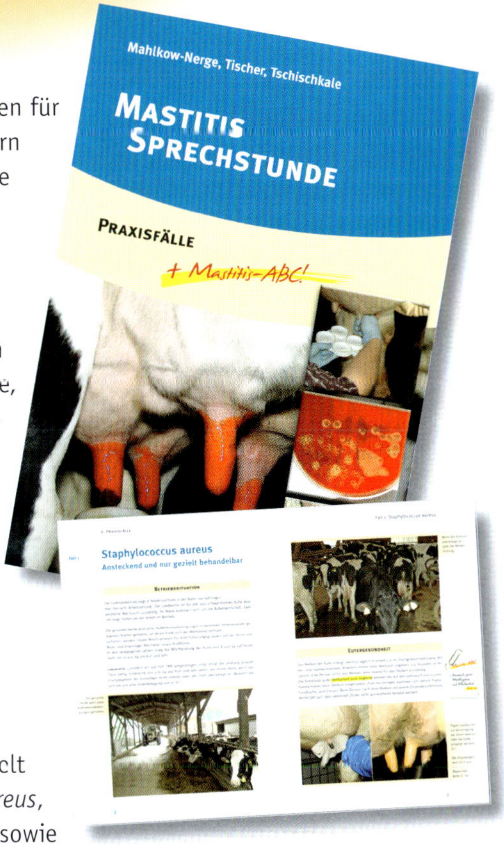

Euterentzündungen kosten Geld. Nicht nur die Kosten für Tierarzt und Arzneimittel schlagen zu Buche, sondern es sind vor allem die Ertragsausfälle durch geringere Milcherträge und erhöhte Abgangsraten, die große wirtschaftliche Verluste bescheren.

Die verschiedenen Mastitiserreger benötigen unterschiedliche Bekämpfungsstrategien. Diese bestehen nicht nur aus einer antibiotischen Einzeltiertherapie, sondern setzen sich aus betriebsspezifischen Managementmaßnahmen und Behandlungsplänen für die ganze Herde zusammen.

Dieses Fachbuch stellt anhand typischer Fallbeispiele aus der Praxis vor, wie komplex das Umfeld von euterkranken Tieren ist und wie sich der Weg von der Diagnose über die Therapie bis hin zu den prophylaktischen Maßnahmen gestaltet.

Die **Praxisfälle** umfassen alle wichtigen kuh-, umwelt und hautassoziierten Mastitiserreger, wie *Staph. aureus, Strep. uberis, Strep. dysgalactiae, Galt, E. coli*, KNS sowie Hefen, Schimmelpilze und Prototheken.
Das **Mastitis-ABC** im Anhang ermöglicht dem Leser einen tieferen Einstieg in verschiedenste Themen, z. B. die Standards guter Melkarbeit und Melkhygiene oder die korrekte Durchführung des Schalmtests – um nur einige zu nennen.

ISBN 978-3-9810575-5-3, Format 16,5 x 23 cm, 174 Seiten

EUR 25,00

BESTELLUNG

- **per Post:** AgroConcept GmbH, Postfach 22 65, 53012 Bonn
- **per E-Mail:** buecher@agroconcept.de
- **per Telefon:** 02 28-96 94 26-0

Mahlkow-Nerge / Tischer

Ketose, Azidose & Co.
Stoffwechsel und Tiergesundheit

Praxisfälle aus der
Betriebsberatung
+ Checkliste

AgroConcept GmbH, Clemens-August-Str. 12–14, 53115 Bonn
Tel.: 02 28-96 94 26-0, Fax: 02 28-63 03 11, E-Mail: ac@agroconcept.de

ISBN 978-3-9810575-6-0

Mahlkow-Nerge / Tischer

Ketose, Azidose & Co.
Stoffwechsel und Tiergesundheit

Praxisfälle aus der Betriebsberatung + Checkliste

AGRO CONCEPT
Verlagsgesellschaft

Autoren

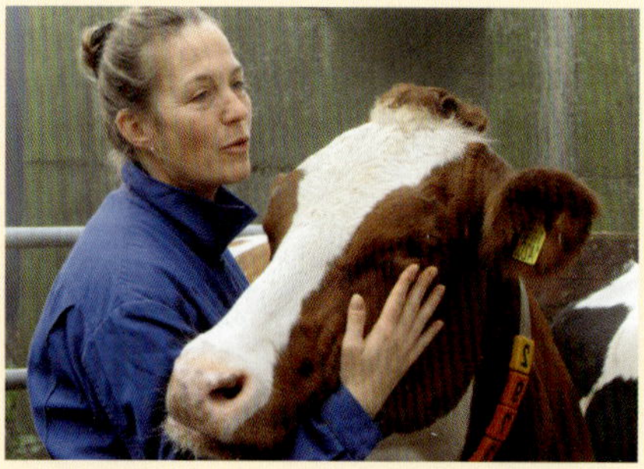

Dr. agr. Katrin Mahlkow-Nerge
Referentin für Rinderfütterung der Landwirtschaftskammer Schleswig-Holstein

www.lwk-sh.de

Dr. med. vet. Marion Tischer
Tierärztin für Bestandsbetreuung und Qualitätssicherung beim Rind

Fachjournalistin und Referentin für Tiergesundheit

www.vet-consult.de

Inhaltsverzeichnis

Vorwort **10**

Abkürzungen **12**

Praxisfälle **13**

Fall 1 Subklinische Ketose
Eizellen brauchen Energie 14

Fall 2 Subklinische Ketose
Der Teufelskreis der überkonditionierten Kuh 32

Fall 3 Subklinische Azidose
Ursache für Euter- und Klauenprobleme 48

Fall 4 Subklinische Azidose
Niedrige Grundfutteraufnahme macht den Pansen sauer 60

Fall 5 Milchfieber
Der Anfang allen Übels 70

Fall 6 Milchfieber
Kleine Fütterungsfehler bei der Transitgruppe mit schweren Folgen 84

Fall 7 Labmagenverlagerungen
Weil lahme Kühe schlecht fressen 94

Checkliste **106**

Vorwort

Liebe Leser,

die Milchleistung der Kühe ist in den letzten Jahren deutlich gestiegen und liegt im Schnitt in Deutschland bei fast 8.000 kg (Stand 2008). Zahlreiche Betriebe erreichen Spitzenleistungen von 10.000 kg und mehr.

Hochleistende Kühe sind besonders aufgrund ihres längeren und insgesamt ausgeprägteren Energiedefizits zu Laktationsbeginn zwar anfälliger für Krankheiten, aber deshalb müssen sie noch lange nicht häufiger und auch stärker unter Krankheiten leiden. Eher ist doch das Gegenteil der Fall: Gesundheit, Wohlbefinden und hohe Leistungen bedingen einander.
Bei Managementfehlern im Bestand wie z.B. Hygienemängeln oder Fütterungsfehlern reagieren jedoch Hochleistungskühe empfindlicher als Tiere mit einer geringeren Leistung. In so einem Fall wären dann die Kühe mit der höchsten Milchleistung diejenigen, die zuerst krank werden.

Stoffwechselstörungen beim Rind sind aber nicht immer auf den ersten Blick sichtbar. Gerade dann, wenn sie subklinisch auftreten, erhöhen sie das Risiko für das Auftreten weiterer Krankheiten in der Herde. Der Landwirt registriert als erstes die dadurch entstehenden Kosten für den Tierarzt und die Arzneimittel. Diese Ausgaben sind aber um ein Vielfaches geringer als die Kosten, die durch die indirekten Verluste in Form von Minderleistung, schlechterer Fruchtbarkeit und vorzeitigem Abgang aus dem Bestand entstehen.

Die Ursachen sind vielfältig

Subklinische Stoffwechselstörungen sind häufig der Anfang allen Übels in der Tiergesundheit. Daher haben wir in diesem Buch Praxisfälle beschrieben, die letztlich alle von Stoffwechselerkrankungen als Verursacher diverser Probleme handeln.
Sie werden beim Lesen merken, dass es den klassischen Ketose-, Azidose-, Milchfieber- oder Labmagen-Fall nicht gibt. Meistens greifen diese Stoffwechselimbalancen sogar ineinander über. So haben Betriebe mit z.B. gehäuft auftretenden Labmagenverlagerungen sehr wahrscheinlich auch ein Ketoseproblem oder in Betrieben mit gehäuften Milchfieberproblemen kommt es nicht selten auch zu ketotischen Stoffwechselsituationen.

Manchmal ist der eigentliche Auslöser für Probleme im Nachhinein schwer zu erkennen. Die Ursachen können jedenfalls so verschiedenartig sein, wie es auch jeder einzelne Betrieb ist. In dem einen Betrieb wird nach dem Kalben womöglich zu schnell mit Kraftfutter angefüttert, so dass aufgrund gehäufter Pansenübersäuerungen letztendlich Labmagenverlagerungen begünstigt werden. Ein anderer Betrieb vernachlässigt hingegen die Klauenpflege, so dass viele Kühe lahm gehen, daher schlecht fressen, als Folge

in massive Energiemangelsituationen geraten und schließlich Labmagenverlagerungen Vorschub geleistet wird.
Es handelt sich also um ein und dieselbe Erkrankung, aber mit völlig unterschiedlichen Ursachen dafür.

Allen Stoffwechselerkrankungen ist aber gemein, dass fast immer Fütterungs- und /oder Haltungsfehler ursächlich beteiligt sind.

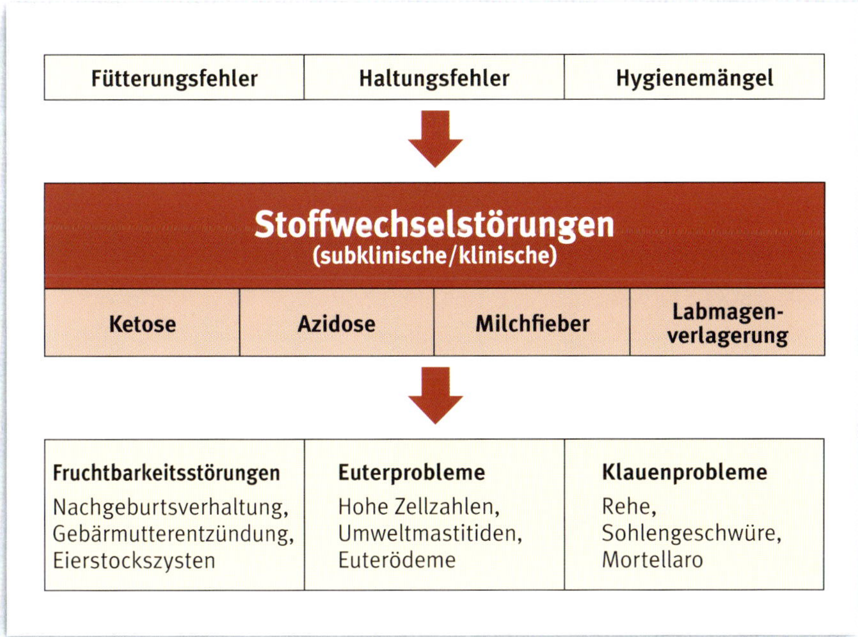

In diesem Buch erfahren Sie anhand von Praxisfällen, woran Sie subklinische Stoffwechselstörungen erkennen können. Wir zeigen Ihnen, wie man LKV-Berichte liest, Rationen bewertet und wie mit Hilfe der tierärztlichen Bestandsbetreuung Krankheiten frühzeitig erkannt und effektiv behandelt bzw. vorgebeugt werden können.

Wir nehmen Sie mit in die Praxis!

Die Autorinnen

Hinweis: Die hier beschriebenen Rationsveränderungen und Behandlungen entsprechen den in den Betrieben durchgeführten Maßnahmen. Grundsätzlich gibt es verschiedene Möglichkeiten, die Bestandsprobleme zu lösen. Für die Richtigkeit und eventuelle Fehlinterpretation wird keine Haftung übernommen.

Abkürzungen

ADF	Saure Detergenzienfaser
DCAB	Kationen-Anionen-Bilanz
Mineralstoffe	Ca, P, Na, Mg, K, S, Cl
NDF	Neutrale Detergenzienfaser
NEL	Netto-Energie-Laktation
NFC	Nichtfaser-Kohlenhydrate
nXP	Nutzbares Protein am Dünndarm
RNB	Ruminale Stickstoffbilanz
Spurenelemente	Co, Cu, Mn, Se, Zn
TM	Trockenmasse
UDP	unabbaubares Rohprotein
Vitamine	A, D, E
XA	Rohasche
XF	Rohfaser
XL	Rohfett
XP	Rohprotein
XS	Stärke
XZ	Zucker

Praxisfälle

Fall 1

Subklinische Ketose

Eizellen brauchen Energie

Betriebssituation

In einem Familienbetrieb in Schleswig-Holstein mit 90 Milchkühen und einer Jahresmilchleistung von 9.700 kg schilderte der Landwirt folgendes Problem:

Landwirt: *„Die Frischabkalber in meiner Herde nehmen zu wenig Futter auf. Das beginnt schon in der Abkalbebucht. Da fressen die Tiere sehr schlecht. Außerdem bin ich mit der Fruchtbarkeit in der Herde nicht zufrieden: die Zwischentragezeit beträgt im Schnitt 135 Tage. Das entspricht einer Zwischenkalbezeit von 415 Tagen. Hinzu kommt, dass fast 12 % der Tiere jährlich abgehen, weil sie nicht tragend werden."*

Tierärztin: *„Jede dritte Kuh zeigt im ersten Laktationsmonat Symptome einer Gebärmutterentzündung. Die Tiere rindern zu spät oder gar nicht. Sowohl Färsen in der ersten Laktation als auch Kühe müssen häufig mit Prostaglandin „angespritzt" werden, um überhaupt brünstig zu werden. Zehn Wochen nach dem Kalben diagnostiziere ich bei mehreren Tieren Zyklusstörungen wie Inaktivität oder Eierstockszysten."*

Beste Haltungsbedingungen: viel Licht und Luft im Stall

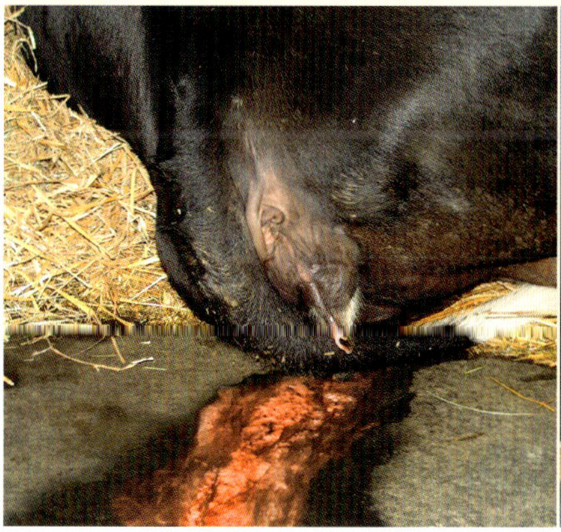

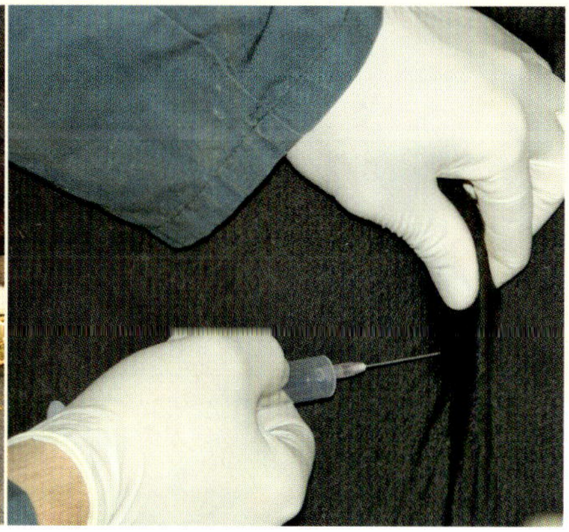

Kühe mit Gebärmutterentzündung wurden später tragend. (li.)

Da Färsen häufig nicht brünstig wurden, mussten sie „angespritzt" werden. (re.)

Betriebsdaten

Aktuelle Milchkontrolle: mangelnde Energieversorgung

Die Herde zeigte zum Zeitpunkt der Beratung eine hohe Leistung von 9.662 kg, die im Vergleich zum Vorjahr zwar um 350 kg gestiegen, aber innerhalb der fünf Vormonate stetig gefallen war. Die Daten in Abb. 1.1 zeigen den Abfall der Herdenmilchleistung in den letzten acht Wochen.

Abb. 1.1

Gleitender Herdendurchschnitt

	Kontr.vom	Kühe	Milch kg	Fett %	Fett kg	Eiw. %	Eiw. kg
	18.08.06	**88**	**9662**	**3,91**	**377**	**3,36**	**324**
	15.06.06	*88*	*9748*	*3,88*	*378*	*3,37*	*329*
zum Vergleich:	***11.08.05***	*84*	*9312*	*3,93*	*366*	*3,34*	*311*
Herdenleistung seit Beginn des Prüfungsjahres							
		88	8351	3,96	330	3,35	280

Die aktuelle Herdenmilchleistung liegt insgesamt höher als im August 2005, in den letzten Monaten ist aber trotzdem ein Leistungsrückgang zu erkennen.

Abb. 1.2

Leistung am Prüfungstag je Kuh

	Kühe gesamt	Kühe in Milch	Milch kg gesamt	Milch kg gemolken	Fett %	Eiweiß %	FFTM %	Anz.Kühe > 200 Tsd.Zellen	Zellzahl Herde	Milch kg
	90	83	28,5	30,9	3,89	3,22	8,64	21	252	2565
Vormonat	*91*	*77*	*28,2*	*33,3*	*3,81*	*3,26*	*8,76*	*15*	*196*	*2563*
Vorjahresm.	*88*	*81*	*30,8*	*33,4*	*3,73*	*3,41*	*8,86*	*16*	*159*	*2707*

Trotz gesunkener Milchmenge sank auch der Eiweißgehalt.

Die Milchfett- und -eiweißgehalte waren im gleitenden Herdendurchschnitt bei 3,91 % bzw. 3,36 % unauffällig. Der Milcheiweißgehalt war bei der aktuellen Milchkontrolle (Leistung am Prüfungstag) im Vergleich zum Vorjahresmonat bei einer geringeren Leistung der gemolkenen Tiere deutlich niedriger.

Besonders auffallend war der in der aktuellen Milchkontrolle niedrige Milcheiweißgehalt (3,11 %) der Tiere im ersten Laktationsdrittel (Abb. 1.3).

Abb. 1.3

2. Ergebnisse der Harnstoffuntersuchung (Durchschnittswerte der Melktagegruppen am Prüfungstag)

	Anzahl Kühe	Anzahl Färsen	Milch kg	Fett %	Eiweiß %	Harnstoff mg/kg	
10. - 100. Lakt.Tag	33	15 (54)	33,2	4,04	3,11	311	Normaler Eiweißgehalt, Harnstoff oberhalb Soll-Bereich. Hinweis auf Rohproteinüberhang im Futter. Eventuell Rohproteingehalt der Ration überprüfen.
Sollwert					3,10-3,80	150-300	
101.-200. Lakt.Tag	32	8 (152)	32,4	3,66	3,26	355	Normaler Eiweißgehalt, Harnstoff oberhalb Soll-Bereich. Hinweis auf Rohproteinüberhang im Futter. Eventuell Rohproteingehalt der Ration überprüfen.
Sollwert					3,20-3,85	150-300	
> 200. Lakt.Tag	17	7 (280)	23,6	4,10	3,43	329	Normaler Eiweißgehalt, Harnstoff oberhalb Soll-Bereich. Hinweis auf Rohproteinüberhang im Futter. Eventuell Rohproteingehalt der Ration überprüfen.
Sollwert					3,30-3,90	150-300	
Gesamt	82	30 (139)	30,9	3,89	3,22	332	

⇢ In Verbindung mit der nicht überdurchschnittlichen Milchleistung war im 1. Laktationsdrittel der Milcheiweißgehalt sehr niedrig.

Abb. 1.4 zeigt, dass vor allem diejenigen Tiere mit einer Tagesleistung von mehr als 30 kg Milch mit ihrem Milcheiweißgehalt unter den optimalen Wert abrutschten. Das ist als ein Zeichen mangelnder Energieversorgung dieser Tiere zu deuten.

Abb. 1.4

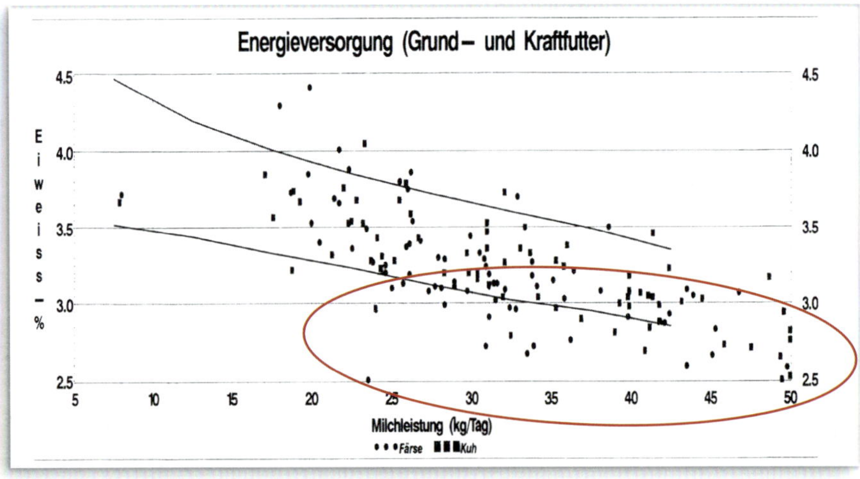

⇢ Zahlreiche Tiere mit Tagesleistungen von mehr als 30 kg zeigten einen Milcheiweißgehalt unter 3 %.

Wenn bei fallender Herdenmilchleistung der durchschnittliche Milcheiweißgehalt nicht – wie eigentlich in Folge der höheren Konzentration zu vermuten wäre – ansteigt, sondern gleichzeitig absinkt, ist das ebenfalls ein Hinweis auf eine unzureichende Energieversorgung der Tiere.

Nicht leistungsgerechte Einstiegsleistung und Persistenz

Bei einer Herdendurchschnittsleistung von ca. 9.500 kg sollten Färsen und Kühe in etwa folgende Tagesmilchleistungen in den drei Laktationsabschnitten erbringen.

Tab. 1.1: Standardlaktationskurve (Quelle: DLG)

Laktationstage	Zielwerte Milchleistung pro Tag	
	Färsen	Kühe
10–100	33 kg	37 kg
101–200	32 kg	33 kg
›200	28 kg	25 kg

Für die insgesamt recht hohe Herdendurchschnittsleistung erscheinen die 33 kg Milch im ersten Laktationsdrittel niedrig (Tab. 1.1). Dabei muss jedoch berücksichtigt werden, dass 45 % der Tiere in diesem Laktationsstadium Erstkalbskühe waren. Daraus erklärt sich auch die insgesamt niedrige Differenz in der Milchleistung zwischen dem ersten und zweiten Laktationsdrittel.

Tab. 1.2: Zielwerte für diesen Betrieb – Milchleistung

Laktationstage	Färsenanteil im Betrieb	Milchleistung pro Tag	
		Zielwert Betrieb*	Abweichung von der Standardkurve
10–100	45 %	35,2 kg	**– 2,0 kg**
101–200	25 %	32,8 kg	**– 0,4 kg**
›200	41 %	26,2 kg	**– 2,6 kg**

*unter Berücksichtigung des Färsenanteils

Nach den Angaben in Tabelle 1.1 hätte sich im ersten Laktationsdrittel bei einem Färsenanteil von 45 % eine Tagesmilchmenge von 35,2 kg ergeben (Tab. 1.2). Für das zweite Laktationsdrittel wird für den Betrieb ein Färsenanteil von 25 % ausgewiesen. Dies ergibt als Zielwert eine Milchmenge von 32,8 kg. Im dritten Laktationsabschnitt lag der Färsenanteil mit 41 % wieder höher. Dort ergibt sich als Zielwert eine durchschnittliche Milchmenge von 26,2 kg. Die tatsächlich im Betrieb erbrachten Milchmengen lagen aber um 2,0 kg, 0,4 kg und 2,6 kg unter diesen Zielwerten.

Aus diesen Zahlen lassen sich zwei Schwachpunkte im Betrieb ableiten:

- mangelhafte Einstiegsleistung und
- schlechte Persistenz

Milchinhaltsstoffe: erste Hinweise auf subklinische Ketose

Fachkommentar

„Die Milchinhaltsstoffe Fett und Eiweiß, aber auch der Milchharnstoffgehalt, geben Aufschluss über die Versorgungslage der Tiere. Während der Milchfettgehalt vorrangig die Strukturversorgung widerspiegelt, wird der Milcheiweißgehalt hauptsächlich von der Energie-, erst dann von der Eiweißversorgung der Kuh beeinflusst. Besonders das Verhältnis von Fett zu Eiweiß (Fett/Eiweiß-Quotient) in der Milch lässt zum einen Rückschlüsse auf die Gesundheitslage zu, besonders auf den Kohlenhydrat-Fett-Stoffwechsel, zum anderen auf die Strukturversorgung. Ist das Verhältnis bei Holstein Friesian größer als 1,5, kann ein Fettgehaltsproblem aufgrund einer ketotischen Stoffwechsellage die Ursache dafür sein. Niedrigere Werte als 1,0 deuten auf ein Milcheiweißgehaltsproblem aufgrund mangelnder Strukturversorgung hin.

Die Übergänge zwischen gesund und krank sind immer gleitend. Der Gesundheitszustand eines Tieres kann niemals anhand einer bestimmten Zahl festgelegt werden. Milchbefunde sind auch nicht vereinfacht zu interpretieren, sondern immer im Zusammenspiel mit Rationsdaten und vor allem diversen anderen Reaktionen der Tiere. Aber dennoch liefern Milchbefunde erste Hinweise für mögliche Störungsursachen. “

Bei einer Herdendurchschnittsleistung von 9.500 kg sollten Färsen und Kühe folgende Milcheiweißgehalte in den drei Laktationsabschnitten aufweisen:

Tab. 1.3: Angestrebte Milcheiweißgehalte (Standardlaktation; Quelle: DLG)

Laktationstage	Zielwerte Eiweißgehalt	
	Färsen	Kühe
10–100	3,2 %	3,3 %
101–200	3,2 %	3,4 %
›200	3,4 %	3,6 %

Die für diesen Betrieb angestrebten Zielwerte beim Milcheiweiß, ebenfalls unter Berücksichtigung des Färsenanteils dieser Herde, sind Tabelle 1.4 zu entnehmen. Tatsächlich wurde in allen Laktationsstadien ein geringerer Milcheiweißgehalt ermittelt. Das unterstreicht den Verdacht einer mangelhaften Energieversorgung der Tiere bzw. gibt einen Hinweis auf ketotische Stoffwechsellagen in der Herde.

Tab. 1.4: Zielwerte für diesen Betrieb – Milcheiweiß

Laktationstage	Färsenanteil im Betrieb	Eiweißgehalt	
		Zielwert Betrieb*	Abweichung vom Zielwert
10–100	45 %	3,26 %	**– 0,15 %**
101–200	25 %	3,40 %	**– 0,14 %**
›200	41 %	3,56 %	**– 0,13 %**

*unter Berücksichtigung des Färsenanteils

Die Einzeltierdaten zeigten darüber hinaus, dass zahlreiche Tiere in der ersten und zweiten Milchkontrolle nach der Kalbung einen Fett/Eiweiß-Quotienten über 1,5 aufwiesen (Abb. 1.5). Diese Tiere sind in der Abbildung markiert.
(Bsp.: Fett/Eiweiß-Quotient Kuh 1 = 6,61 (Fett-%) : 3,16 (Eiweiß-%) = 2,09)

Abb. 1.5: Auszug aus der Milchkontrolle (Einzeltierdaten)

		Jan.	Feb.	März	April	Mai	Juni	Aug.	Sept.
Tier 1	Z		30	49	48	94	133	235	**214**
	M	TRO	33,9	37,0	32,7	20,0	22,7	10,1	**17,1**
	F		6,61	4,60	4,16	4,88	4,22	5,31	**5,08**
	E		3,16	3,05	3,43	3,69	3,84	3,90	**3,85**
	Ft		8,56	8,50	8,91	8,93	9,10	8,87	**8,87**
	H		*221* +	*317* +	*354*	*278*	*267*	*298*	*266*
Tier 2	Z	80			73	51	37	72	**59**
	M	30,5	TRO	TRO	44,6	51,1	45,5	43,0	**41,1**
	F	3,78			6,30	4,12	3,72	4,10	**5,37**
	E	2,95			2,84	2,65	2,81	2,81	**3,05**
	Ft	8,28			8,13	8,03	8,29	8,28	**8,48**
	H	+ *301*			*179* +	*333*	*297*	*257*	*266*
Tier 3	Z			57	51	35	42	59	**50**
	M	TRO	TRO	42,7	48,0	41,8	40,8	38,6	**35,8**
	F			5,09	4,12	3,80	4,11	4,01	**4,09**
	E			2,71	2,79	2,94	3,02	3,25	**3,24**
	Ft			8,35	8,51	8,56	8,60	8,89	**8,84**
	H			*259* +	*320* +	*303*	*255* +	*304*	*267*
Tier 4	Z	67	63	53	73		3439	25	**23**
	M	27,7	25,5	22,6	20,6	TRO	40,7	41,1	**39,9**
	F	3,69	4,20	4,45	4,97		3,80	4,36	**3,48**
	E	3,40	3,43	3,60	3,84		3,18	3,02	**3,18**
	Ft	8,88	8,99	9,25	9,44		8,60	8,70	**8,80**
	H	*227*	*225*	*283*	*261*		*167*	*262*	*278*
Tier 5	Z	309	192	136	148		18	70	**45**
	M	31,6	25,8	26,2	24,0	TRO	32,0	41,0	**39,9**
	F	3,47	4,35	4,51	4,99		5,78	4,81	**3,59**
	E	3,45	3,57	3,57	3,78		3,23	2,91	**2,98**
	Ft	8,63	8,75	8,83	9,07		8,65	8,25	**8,31**
	H	*264* +	*349*	*293* +	*317*		*180*	*263*	*272*
Tier 6	Z	105			64	11	16	18	**20**
	M	23,8	TRO	TRO	27,6	36,0	44,4	40,9	**44,5**
	F	5,03			6,15	4,44	3,94	3,92	**3,66**
	E	3,49			3,39	2,81	2,79	3,06	**3,03**
	Ft	8,69			8,62	8,21	8,21	8,46	**8,44**
	H	*272*			*150*	*190*	*264*	*263*	*235*

Z (Zellzahl), M (Milchmenge), F (Fett), E (Eiweiß), Ft (fettfreie Trockenmasse), H (Harnstoff)

Die meisten dieser Tiere hatten dabei einen Milcheiweißgehalt unter 3,0, im Vergleich dazu einen deutlich erhöhten Milchfettgehalt. Ersterer zeugt von einer sehr mangelhaften Futter- und damit Energieaufnahme, letzterer von einer starken Körperfettmobilisation. Beides muss als Hinweis auf eine ketotische Stoffwechsellage/Leberverfettung/negative Energiebilanz gedeutet werden. Der Höhepunkt solcher Ketosen liegt meistens in der dritten bis fünften Woche nach der Kalbung.

Bei der nochmaligen Betrachtung der Milchkontrolldaten der Herde (Abb. 1.3) fiel weiterhin der mit über 300 mg/kg Milch insgesamt sehr hohe Harnstoffgehalt auf. Dieses kann als Zeichen einer übermäßigen Eiweißversorgung durch die Fütterung, aber auch als

Zeichen einer ungenügenden Energieversorgung und damit als Missverhältnis zwischen im Pansen angefluteter Energie- und Eiweißmenge interpretiert werden.

Wdh. Abb. 1.3

2. Ergebnisse der Harnstoffuntersuchung (Durchschnittswerte der Melktagegruppen am Prüfungstag)

	Anzahl Kühe	Anzahl Färsen	Milch kg	Fett %	Eiweiß %	Harnstoff mg/kg	
10. - 100. Lakt.Tag Sollwert	33	15 *54*	33,2	4,04	3,11 3,10-3,80	311 150-300	Normaler Eiweißgehalt, Harnstoff oberhalb Soll-Bereich. Hinweis auf Rohproteinüberhang im Futter. Eventuell Rohproteingehalt der Ration überprüfen.
101.-200. Lakt.Tag Sollwert	32	8 *152*	32,4	3,66	3,26 3,20-3,85	355 150-300	Normaler Eiweißgehalt, Harnstoff oberhalb Soll-Bereich. Hinweis auf Rohproteinüberhang im Futter. Eventuell Rohproteingehalt der Ration überprüfen.
> 200. Lakt.Tag Sollwert	17	7 *280*	23,6	4,10	3,43 3,30-3,90	329 150-300	Normaler Eiweißgehalt, Harnstoff oberhalb Soll-Bereich. Hinweis auf Rohproteinüberhang im Futter. Eventuell Rohproteingehalt der Ration überprüfen.
Gesamt	82	30 *139*	30,9	3,89	3,22	332	

Der Harnstoffgehalt liegt mit über 300 mg/kg in allen Laktationsstadien sehr hoch.

Betriebsrundgang

Haltung

Überbelegter Laufstall: zu wenig Fress- und Liegeplätze

Die Haltung der Herde erfolgte in einem Laufstall mit Hoch- und Tiefboxen unter Außenklimabedingungen. Das Tier/Fressplatz-Verhältnis betrug 1,5:1.

Überbelegter Stall

„Der Stall war nicht selten um 10 %, manchmal auch stärker überbelegt. Durch den Platzmangel waren die Tiere gestresst und hatten Schwierigkeiten, jederzeit einen freien Platz am Futtertisch zu erreichen. Schwerwiegender zählte jedoch, dass durch diese Verhältnisse nicht jedem Tier ein Liegeplatz sicher zur Verfügung stand.

Überbelegung geht zu Lasten der Gesundheit und der Milchleistung. Je höher die Herdenmilchleistung ist, desto gravierender wirken sich Überbelegungen aus. Den Tieren wird die für die Erholung der Klauen und Gliedmaßen, die Durchblutung der Organe und vor allem des Euters und für die Verdauungsarbeit notwendige Liegezeit genommen. Die Auswirkungen einer Überbelegung zeigen sich nicht selten erst Wochen oder gar Monate später und werden dann nicht mehr mit dem Problem einer Überbelegung in Verbindung gebracht."

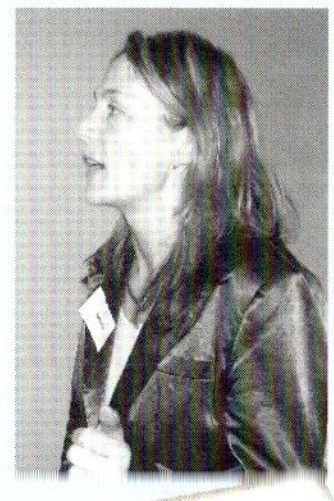

Fachkommentar

Abkalbeboxen: erschwerte Futteraufnahme

Für 90 Kühe standen drei Einzelabkalbeboxen von jeweils 12 m^2 Fläche zur Verfügung. Dies entspricht den empfohlenen Vorgaben. Der Sichtkontakt zur Herde war von dort aus möglich, wenn auch über eine kurze Distanz hinweg. Die Wasserversorgung erfolgte lediglich durch Schalentränken.

Etwa einen Tag vor Geburtsbeginn erfolgte die Umstallung der hochtragenden Tiere in den Abkalbebereich. Direkt nach der Geburt des Kalbes erhielten sie warmes Wasser, angereichert mit Glukose und Elektrolyten (Energietrunk). Die meisten Tiere nahmen davon ca. 40 l auf. Trotzdem war die Futteraufnahme, besonders direkt nach dem Kalben, unzureichend.

Es fiel auf, dass den Tieren in der Abkalbebox die Futteraufnahme erschwert wurde, indem der Futtertisch gegenüber der Standfläche nicht erhöht war. Daher hatten die Tiere Schwierigkeiten, das Futter zu erreichen. Sie nahmen vom Futterberg immer nur die oberen Schichten ab und gelangten nur mit Mühe an den unteren Bereich des Futters.

Da bei der natürlichen Körperhaltung bei der Futteraufnahme ein Bein vorgestreckt ist, dieses aber bei der Stallhaltung nicht möglich ist, sollte der Futtertisch erhöht sein – auch im Abkalbebereich. (li.)

Die Kuh in der Abkalbebox kann das Futter nur schwer erreichen, da der Futtertisch zu niedrig ist. (re.)

Fütterung: unzureichende Futteraufnahme

Die gefütterten Gras- und Maissilagen wiesen hohe Nährstoff- und Energiegehalte auf und waren von sehr guter hygienischer Qualität.

Rationsgestaltung

Die im vorliegenden Betrieb gefütterten Rationen können Tabelle 1.5 entnommen werden.

Tab. 1.5: Übersicht der gefütterten Rationen

Tiergruppe	Rationszusammensetzung	Rationseckparameter
Laktierende Kühe	**Teil-Mischration:** 50 % Gras- und 50 % Maissilage (TM) + 0,3 kg Stroh + 2,5 kg eiweißreiche Vormischung + 1 kg Roggen + 150 g Mineralfutter + 0,8 kg Milchleistungsfutter (20/3) je Melkzeit im Melkstand	**NEL: 6,6 MJ/kg TM** XP: 16,4 % i.d.TM nXP: 155 g/kg i.d.TM XF: 18,6 % i.d.TM Zucker + Stärke: 23,4 % i.d.TM → 24 kg Milch aus NEL → 25 kg Milch aus nXP
	Milchleistungsfutter (20/3) am Automaten; max. 9 kg	in der 3.–4. Laktationswoche erreicht
	Im Sommer stundenweise **Weidegang** (10:00–15:30 Uhr), dabei ständiger Zugang zur Winterstallration und zu zwei Kraftfutterautomaten	
Früh-Trockensteher	43 % Grassilage 35 % Getreide-GPS 12 % Maissilage 10 % Stroh Mineralfutter	**NEL: 5,6 MJ/kg TM** XP: 11 % i.d.TM XF: 26,7 % i.d.TM Ca: 0,41 % i.d.TM P: 0,28 % i.d.TM *„Um die XP-Versorgung etwas anzuheben, sollte der Grassilageanteil um ca. 5 % erhöht und der GPS-Anteil adäquat reduziert werden.“*
	Im Sommer: Weide und Stroh zur freien Verfügung	*„Eine Strohaufnahme auf der Weide ist immer äußerst unsicher; meistens ist die Versorgung von Früh-Trockenstehern auf üblichen Weideflächen (6–7 MJ NEL/kg TM) zu energiereich.“*

Fortsetzung Tab. 1.5

Transitkühe	Teil-Mischration der laktierenden Kühe	*„Da die Grassilage K-arm war und deshalb keine gehäuften Milchfieberfälle auftraten, kann diese Ration der laktierenden Kühe an die Vorbereiter gefüttert werden."*
Jungrinder im 1. Jahr	Teil-Mischration der laktierenden Kühe	*„Die Nährstoff-, Energie- und Mineralstoffversorgung ist ausreichend."*
Jungrinder im 2. Jahr	Ration der Früh-Trockensteher	*„Die Ca- und Na-Versorgung ist nicht bedarfsdeckend."*

Fachkommentar

Die Futtervorlage erfolgte einmal täglich um 16 Uhr.

„Über den Tag hinweg war der Futtertisch sehr oft mehrere Stunden lang leer. Der Landwirt „zwang" seine Tiere dadurch, den Futtertisch leer zu fressen. Normalerweise berücksichtigt man eine Restfuttermenge von 5%. Durch diese Rationierung war nicht gewährleistet, dass die Tiere mehr als 20 Stunden täglich Futter – und zwar aus dem Vollen – aufnehmen konnten. Dies behinderte eine hohe Futteraufnahme und erhöhte die Gefahr von Stoffwechselproblemen, besonders bei der vorliegenden hohen Milchleistung."

Fachkommentar

Die Tiere waren mehrere Stunden täglich ohne Futter.

Futtermischprotokolle

Um sich einen Überblick über die tatsächliche Futteraufnahme der Tiere zu verschaffen und einen Vergleich der täglichen Futtervorlagemengen mit den Rationsvorgaben vorzunehmen, erstellte der Landwirt ein Futtermischprotokoll.

Tab. 1.6: Auszug aus dem Futtermischprotokoll

Datum	Vorgelegte Futtermengen (kg Frischmasse)							Gefütterte Tierzahl (laktierende Kühe)	kg FM/Tier
	Grassilage	Maissilage	Stroh	Vormischung	Roggen	Mineralf.	gesamt		
01. Jul	1.200	1.760	15	200	84	16	3.275	83	**39,5**
02. Jul	1.200	1.760	15	210	84	16	3.285	83	**39,6**
03. Jul	1.250	1.760	15	210	84	16	3.335	83	**40,2**
04. Jul	1.230	1.755	15	210	84	16	3.310	83	**39,9**
05. Jul	1.195	1.755	15	210	84	16	3.275	83	**39,5**
...	...	...	...	...	...	...	...	...	**...**
...	...	...	...	...	...	...	...	...	**...**
01. Sep	1.065	1.700	15	175	84	16	3.055	85	**35,9**
02. Sep	1.050	1.700	15	180	84	16	3.045	85	**35,8**
03. Sep	1.050	1.700	20	180	84	16	3.050	85	**35,9**
04. Sep	1.040	1.700	15	170	84	16	3.025	85	**35,6**
05. Sep	1.040	1.700	15	170	84	16	3.025	85	**35,6**

Laut der Rationsvorgabe hätte jedes Tier von dieser Teil-Mischration mindestens 39 kg Frischmasse aufnehmen müssen. Es zeigte sich jedoch, dass die gefütterten Futtermengen auf ein für diese Herdenleistung zu niedriges Niveau abgerutscht waren und tendenziell weiter abnahmen. Durch diese Dokumentation wurde dem Landwirt das Problem der unzureichenden Futteraufnahme seiner Tiere erst bewusst.

Abb. 1.6: Entwicklung der Futteraufnahme innerhalb von zwei Monaten

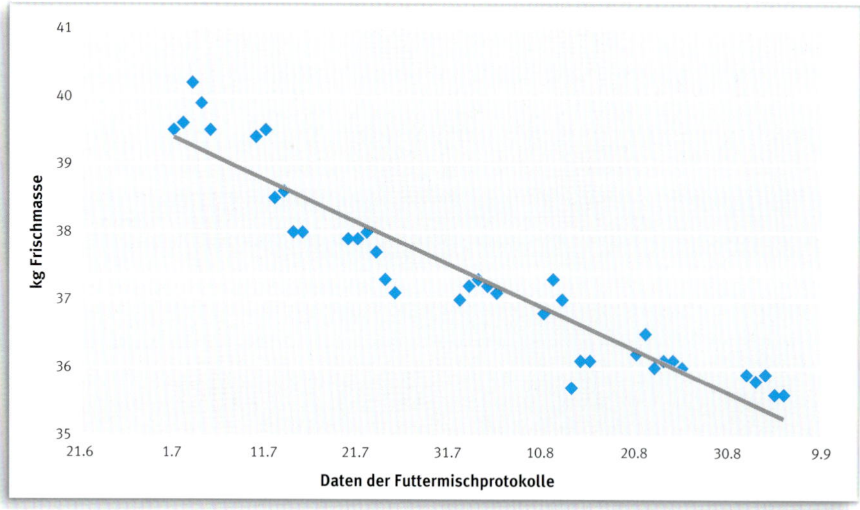

⟶ Die Futteraufnahme ging um 4 kg Frischmasse pro Tier und Tag zurück.

Hohe Wasseraufnahme: Grundlage für eine hohe Futteraufnahme

Im Stall befanden sich für 90 laktierende Tiere nur zwei Tränken. Eine Trogtränke stand in der Nähe des Melkstandes, eine Schalentränke am Stallende an einem schwer passierbaren Durchgang.

„Als Faustzahl gilt: Eine Trogtränke für 20 Tiere. Schalentränken haben im Bereich laktierender Kühe nichts mehr zu suchen, da sie nicht den notwendigen Wasserdurchlauf gewährleisten. Die Futteraufnahme ist sehr eng an die Wasseraufnahme gekoppelt.
Für 1 kg Futtertrockenmasse muss die Kuh zwischen 4 und 5 l Wasser aufnehmen. Nur eine Kuh, die ausreichend saufen kann (80–150 l täglich), wird auch genug fressen. Dies wiederum ist Grundvoraussetzung für eine gute Stoffwechselgesundheit.

Fachkommentar

Körperkonditionsbeurteilung: viele unterkonditionierte Tiere

Bei der Beurteilung der Körperkondition der Herde fiel auf, dass zahlreiche Tiere zu Laktationsbeginn unterkonditioniert waren, da sie sehr massiv Körperfettreserven abgebaut hatten. Das untermauert den Verdacht auf eine Ketose als Herdenbestandsproblem.

Abb. 1.7: Verteilung der Körperkonditionsnoten in der Herde

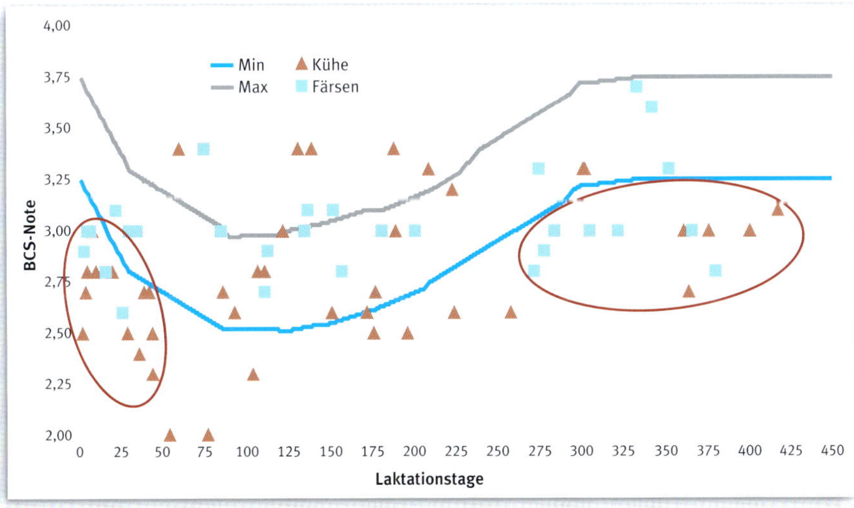

→ Zu Laktationsbeginn und auch am Ende der Laktation waren viele Tiere unterkonditioniert.

Darüber hinaus wurden in dieser Milchkuhherde nicht – wie oftmals üblich – am Laktationsende überkonditionierte Kühe und Färsen registriert. Stattdessen trat als Folge einer insgesamt unzureichenden Futteraufnahme gehäuft eine Unterkonditionierung der Tiere auf. Damit stehen den Tieren für die nachfolgende Laktation nicht mehr genügend Körperfettreserven zur Verfügung. Dies kann in erster Linie Fruchtbarkeitsprobleme auslösen und in zweiter Linie die Milchleistung begrenzen.

Bei der Körperkonditionsbeurteilung fielen zahlreiche abgemagerte Tiere auf.

Diagnostik

Um bei der Einschätzung der Stoffwechselsituation der Frischabkalber mehr Sicherheit zu bekommen bzw. um den Verdacht einer Ketose zu erhärten, wurden Blutproben von acht Tieren in der Frühlaktation auf die in Tabelle 1.7 ausgewiesenen Parameter hin untersucht.

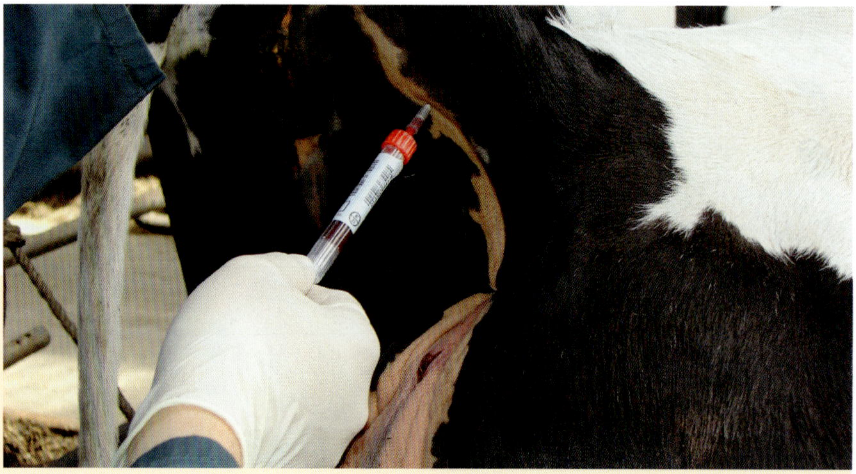

Zwecks Kontrolle der Stoffwechselsituation wurde Blut aus der Schwanzvene entnommen und untersucht.

Tab. 1.7: Ergebnis Blutuntersuchung

Parameter	Richtwerte	Kühe					Erstkalbskühe		
Tier Nr.		15	75	102	251	356	7	11	14
Laktationstag		40	15	23	10	12	32	20	22
AST	<100 U/l	**240**	44	59	**102**	**204**	**196**	**125**	67
GLDH	< 14 U/l	**47**	3	**125**	11	**355**	**221**	24	17
ß-HBS	< 1 mmol/l	0,9	**2,7**	**1,0**	0,7	**1,5**	0,5	0,8	**2,5**
NEFA	< 600 µmol/l	**850**	**1.000**	**650**	450	**700**	420	350	**870**

„AST (Aspartat-Aminotransferase) und GLDH (Glutamat-Dehydrogenase) sind Leberenzyme, die durch erhöhte Konzentrationen im Blut eine starke Leberbelastung bzw. sogar einen Leberschaden anzeigen können. Erhöhte ß-HBS-Gehalte (ß-Hydroxybuttersäure) im Blut lassen auf eine Ketose schließen. Hohe NEFA-Werte (freie Fettsäuren) können bei starkem Fettabbau zu Laktationsbeginn und damit einhergehender unzureichender Futteraufnahme sowie bei Stress auftreten."

Fachkommentar

Unbefriedigende Fruchtbarkeitsergebnisse der Kühe

Die Fruchtbarkeitslage war bei den Färsen (Jungrinder: Besamungsindex = 1,3) insgesamt gut, aber im Kuhbestand unbefriedigend.

Tab. 1.8: Fruchtbarkeitskennzahlen für den Betrieb

Parameter	Kühe
Rastzeit	92
Besamungsindex	1,9
Zwischentragezeit	135
Zwischenkalbezeit	415

Die Brunstbeobachtung der Kühe wurde in diesem Betrieb während des Fütterns und des Melkens nebenbei erledigt.

Die Tierärztin führte im 4-Wochen-Rhythmus Trächtigkeitsuntersuchungen durch und wurde darüber hinaus dann gerufen, wenn dem Landwirt Einzeltiere mit Krankheitssymptomen (z. B. Ausfluss) auffielen.

Problembeschreibung

Jede zweite frischgekalbte Kuh und Färse durchlief einen ausgeprägten Energiemangel/Ketose (siehe Interpretation der MLP-Daten). Das unterstrichen auch die Ergebnisse der Blutuntersuchung (hohe ß-HBS- und NEFA-Gehalte), die weitergehend auch die Leberbelastung/Leberschäden anzeigten (hohe GLDH- Werte). Diese Stoffwechsellage wirkte sich negativ auf Milchleistung und Fruchtbarkeit aus. Die Hauptursache für diese ausgeprägte negative Energiebilanz dürfte in diesem Betrieb in der unzureichenden Futteraufnahme der Kühe nach der Kalbung gelegen haben, hervorgerufen durch:

- Fehler bei der Futtervorlage im Kuhstall (Zwang zum Leerfressen des Futtertisches) und in der Abkalbebox (Schwierigkeit für die Tiere, an das Futter heranzukommen)
- Überbelegung bei den Laktierenden
- die unzureichende Wasserversorgung

Maßnahmen

Im Folgenden werden alle Maßnahmen aufgelistet, die im Rahmen der Betriebsberatung zu einer Verbesserung der Stoffwechsel- und Fruchtbarkeitslage führen sollten.

Futteraufnahme erhöhen

- Bei der Futtervorlage der laktierenden Kühe ist darauf zu achten, dass die Tiere möglichst bis auf die Zeit des Melkens Futter am Futtertisch vorfinden; niemals Tiere zwingen, den Futtertisch leer zu fressen (Futterreste von ca. 5 % einplanen).
- Keine Überbelegung, d.h. für jedes Tier eine Liegebox
- Ein enges Tier/Fressplatz-Verhältnis ist besonders für die Färsen in der Herde vorteilhaft (nach Möglichkeit 1 : 1; aber auch bei besten Bedingungen nicht › 2 : 1)
- Abkalbebox: Schalentränken durch Trogtränken ersetzen, da Schalentränken nicht den notwendigen Durchsatz gewährleisten; hohe Wasseraufnahmen sind Voraussetzung für hohe Futteraufnahmen
- Futtertisch in der Abkalbebox erhöhen
- Zusätzlich drei gut zugängliche Trogtränken bei den 80 laktierenden Kühen installieren, damit insgesamt vier Trogtränken zur Verfügung stehen
- Futtermischprotokolle weiterführen, um regelmäßig Informationen über die tatsächliche Futteraufnahme zu erhalten und somit schnellstmöglich auf Veränderungen reagieren zu können

Körperkondition kontrollieren und mit Hilfe der Fütterung optimieren

- Monatliche Körperkonditionsbeurteilung (BCS) zur Fütterungs- und Gesundheitskontrolle einführen

☑ Körperkondition der Tiere lässt ein weiteres Aufwerten der Teil-Mischration auf vorläufig 27–28 kg Milch zu, ohne eine Überkonditionierung der Herde zum Laktationsende zu befürchten: Kraftfuttermenge der Teil-Mischration um 2 kg steigern, aber bei der individuellen Kraftfuttergabe am Automaten mit berücksichtigen

Ketoseprophylaxe

☑ Energietrunk nach der Kalbung weiterhin allen Tieren anbieten

☑ Tiere mit einer Schwerkalbung oder Kühe mit einer Unterkonditionierung zum Kalbezeitpunkt individuell in den ersten Laktationstagen mit Propylenglykol versorgen (Drench in die Backentasche), bis zu 10 Tage jeweils 250–300 ml/ Tag

Fruchtbarkeitsmanagement

☑ Strategisches Fruchtbarkeitsmanagement einführen (Früherkennung von Krankheiten, Behandlungspläne)

Verbesserung des Fruchtbarkeitsmanagements

Die Tierärztin arbeitete zusammen mit dem Landwirt einen Plan aus, der folgende Punkte beinhaltete:

• Verbesserung der Brunstbeobachtung

Die Tochter des Betriebsleiters war ab sofort hauptverantwortlich für die Brunstbeobachtung der Kuhherde. Sie soll dreimal täglich zu festgelegten Zeiten für 20 Minuten durch den Stall gehen und die Kühe auf Brunstsymptome (Aktivitäten, Brunstschleim) hin beobachten. Diese Zeiten wurden im Betriebsmanagement fest eingeplant und waren somit unumstößlich. Erst dieses Vorgehen garantierte eine wirklich intensive Brunstbeobachtung.

Die Brunstbeobachtung wurde einer festen Person übertragen und intensiviert.

• Fruchtbarkeitstag (Freitag)

Die Tierärztin kommt alle 14 Tage freitags um 9 Uhr morgens in den Betrieb und führt folgende Routinen durch:

- Ausflusskontrolle aller Tiere drei bis fünf Wochen nach dem Kalben
- Sterilitätsuntersuchung bei Tieren, die bis 70 Tage nach der Kalbung noch nicht in Brunst gesehen wurden
- Sterilitätsuntersuchung bei Tieren, die bis 90 Tage nach der Kalbung noch nicht besamt wurden
- Trächtigkeitsuntersuchung mittels Ultraschall bei allen Kühen und Färsen vier bis fünf Wochen nach der Besamung

Erfolgskontrolle

Die empfohlenen Maßnahmen wurden innerhalb von zwei Monaten nach der Betriebsberatung durchgeführt. Die Futteraufnahme konnte sich nachweislich (anhand der geführten Futtermischprotokolle) auf einem deutlich höheren Niveau stabilisieren.
Eine Verbesserung der Fruchtbarkeitskennzahlen wurde hingegen erst sechs Monate nach Umsetzung der Maßnahmen und Einführung eines Fruchtbarkeitsmanagementsystems verzeichnet.

Landwirt: *„Die laktierenden Kühe und Färsen fressen das, was die berechnete Ration vorgibt. Die Herdendurchschnittsleistung hat sich stabilisiert und ist wieder leicht angestiegen (+100 kg/Jahr). Keine der zwischenzeitlich gekalbten Kühe hatte zur ersten Milchkontrolle ein Fett/Eiweiß-Verhältnis in der Milch von mehr als 1,5 und ich erlebe vor allem die Kühe in der Frühlaktation jetzt als insgesamt fitter."*

Tierärztin: *„Auch die Einführung einer Systematik in das Fruchtbarkeitsmanagement des Betriebes hat die Situation deutlich verbessert. Jetzt fallen auch in arbeitsintensiveren Zeiten im Betrieb, wie zur Silagebereitung oder Getreide- und Kartoffelernte, die Routinekontrollen nicht mehr aus, so dass kein Tier mehr unentdeckt bleibt."*

Fall 2

Subklinische Ketose

Der Teufelskreis der überkonditionierten Kuh

Betriebssituation

Der Betrieb mit 190 Kühen und einer durchschnittlichen Jahresmilchleistung von mehr als 9.000 kg (Abb. 2.1) liegt im Herzen Schleswig-Holsteins.

Landwirt: *„Wir haben hier schon seit längerer Zeit vermehrt ein Zellzahlproblem im Betrieb. Das dürfte auch die Ursache für die seit einem Jahr stagnierende bzw. sogar leicht gefallene Milchleistung sein.*
Die durchschnittliche Tankzellzahl liegt derzeit bei 300.000 – mit Schwankungen von 250.000 bis 350.000 Zellen/ml Milch. Außerdem treten phasenweise auch gehäufter Coli-Mastitiden auf. Gerade in den letzten zwei Wochen zeigten fünf meiner Tiere schwere Mastitissymptome."

Tierärztin: *„Das Immunsystem der Tiere im Bestand ist nicht sehr belastbar. Nachdem wir in diesem Betrieb das regelmäßige Fiebermessen nach dem Kalben eingeführt hatten, bemerkten wir, dass fast alle Tiere nach dem Kalben Körpertemperaturen über 39,5 °C hatten, aber keine weiteren Krankheitssymptome zeigten. Diese unspezifischen Entzündungen entstehen immer dann, wenn das Immunsystem nicht mehr optimal funktioniert. Die Untersuchung von Blutproben zeigte eine z.T. stark erhöhte Leberenzymaktivität, die vermuten lässt, dass die Leber ihrer Entgiftungsfunktion nicht mehr vollständig nachkommt (Abb. 2.2)."*

Abb. 2.1

Gleitender Herdendurchschnitt

	Kontr.vom	Kühe	Milch kg	Fett %	Fett kg	Eiw. %	Eiw. kg
	16.04.07	**182**	**9107**	**4,23**	**385**	**3,42**	**311**
	15.03.07	*179*	*9086*	*4,25*	*386*	*3,41*	*310*
zum Vergleich:	***13.04.06***	*166*	*9378*	*4,13*	*387*	*3,44*	*323*
Herdenleistung seit Beginn des Prüfungsjahres							
		190	4852	4,24	206	3,46	168

⇢ Die Milchleistung fiel in einem Jahr um fast 300 kg.

Abb. 2.2: Ergebnisse der Blutprobenuntersuchung (Ausschnitt)

Analyt: Richtwert (Rind)

Blut		Tier 1	Tier 2	Tier 3	Tier 4
AST	(<100 U/l)	116 H	109 H	110 H	119 H
GLDH	(<14.0 U/l)	20.0 H	24.2 H	39.3 H	44.2 H
Gbi. Hand	(µmol/l)	9.99	5.18	6.48	6.29
FRFS	(<600 µmol/l)	508	254	543	522
ß-HBS	(<1.0 mmol/l)	0.300	0.330	0.160	0.140
HST	(<8.0 mmol/l)	5.24	5.34	4.41	4.85
Ca	(2.1-3.0 mmol/l)	2.21	2.35	2.30	2.50
Mg	(0.7-1.2 mmol/l)	1.18	1.03	1.11	1.15
Se	(>70.0 µg/l)	94	99	114	109
Cu	(12.0-24.0 µmol/l)	11.6 L	21.7	18.5	14.9
Zn	(12.0-24.0 µmol/l)	16.3	16.6	13.6	15.4
Mn	(>1.5 µg/l)	2.31	2.76	2.47	3.42

Analyt: Richtwert (Rind)

		Tier 5	Tier 6	Tier 7	Tier 8
AST	(<100 U/l)	79.0	123 H	103 H	119 H
GLDH	(<14.0 U/l)	8.85	48.1 H	56.9 H	101 H
Gbi. Hand	(µmol/l)	4.81	7.22	6.11	6.29
FRFS	(<600 µmol/l)	262	793 H	614 H	609 H
ß-HBS	(<1.0 mmol/l)	0.330	0.320	0.120	0.310
HST	(<8.0 mmol/l)	5.51	6.10	5.60	5.55
Ca	(2.1-3.0 mmol/l)	2.40	2.44	2.46	2.25
Mg	(0.7-1.2 mmol/l)	1.26 H	1.18	1.15	1.12
Se	(>70.0 µg/l)	90	106	100	80
Cu	(12.0-24.0 µmol/l)	13.5	16.3	19.0	13.0
Zn	(12.0-24.0 µmol/l)	16.7	12.6	19.4	13.6
Mn	(>1.5 µg/l)	2.28	2.68	2.61	2.49

⇢ Die Blutprobenuntersuchungen von acht Kühen zeigten bei sieben Tieren erhöhte Leberenzymwerte (AST, GLDH).

Aktuelle Milchkontrolle: Verdacht auf subklinische Ketose

Die Daten aus der Milchleistungskontrolle zum Zeitpunkt der Beratung ergaben bei 20 % der Tiere anhand eines weiten Milchfett/Eiweiß-Verhältnisses von > 1,5 einen deutlichen Verdacht auf eine ketotische Belastung (Abb. 2.3).

Abb. 2.3: Auszug aus der Milchkontrolle

Ergebnisse an den Kontrolltagen:

	Zellen * 1000 Milch kg Fett % Eiweiß % FfTM % *Harnstoff*	15.09.06	11.10.06	08.11.06	11.12.06	18.01.07	14.02.07	15.03.07	**16.04.07**	
Tier 1	Z	415	252	270	284		426	1103	**691**	3
	M	30,5	28,8	20,2	14,0	TRO	41,7	35,4	**39,5**	
	F	4,29	4,27	4,85	4,43		4,86	4,29	**3,93**	
	E	3,33	3,58	3,69	4,07		3,36	3,16	**3,29**	
	Ft	8,70	8,86	9,16	9,08		8,42	8,56	**8,52**	
	H	*274*	*273* +	*312*	*172*		*196*	*199*	***291***	
Tier 2	Z	313			16	37	34	15	**33**	
	M	8,4	TRO	TRO	43,4	46,0	47,2	47,4	**41,3**	
	F	5,79			6,28	3,67	4,37	3,02	**3,30**	
	E	4,24			3,04	3,25	3,41	3,44	**3,26**	
	Ft	9,29			8,15	8,57	8,48	8,67	**8,36**	
	H	*100*			*168*	*186*	*251*	*209*	***298***	
Tier 3	Z		81	107	68	191	85	108	**155**	
	M	TRO	44,1	35,8	29,8	28,7	24,5	27,3	**22,5**	
	F		5,81	4,27	2,65	4,78	2,96	3,96	**3,64**	
	E		3,12	3,21	3,48	3,65	3,75	3,70	**3,64**	
	Ft		8,27	8,67	8,86	9,07	8,92	9,14	**9,05**	
	H		*165*	*196*	*183*	*204*	*258*	*277*	***191***	
Tier 4	Z	438	866	1021	303	1063	41	446	**312**	8
	M	26,8	24,8	26,0	25,3	20,8	22,4	19,6	**24,0**	
	F	4,10	3,96	4,24	4,40	5,23	2,65	4,92	**4,58**	
	E	3,24	3,43	3,53	3,84	3,55	3,54	3,71	**3,89**	
	Ft	8,79	8,90	9,30	9,27	9,22	8,80	9,33	**9,36**	
	H	*233*	*178*	*185*	*177*	*148*	*150*	*237*	***215***	
Tier 5	Z			77	3483	476	207	267	**167**	
	M	TRO	TRO	48,4	36,1	31,0	30,5	22,3	**31,4**	
	F			4,20	3,45	3,63	3,84	3,67	**3,92**	
	E			3,14	3,35	3,36	3,42	3,33	**3,24**	
	Ft			8,71	8,56	8,73	8,68	8,66	**8,55**	
	H			*204*	*191*	*245*	*226* +	*318*	***265***	
Tier 6	Z	102	64	58	55	68			**11**	
	M	25,4	26,0	23,9	26,4	17,5	TRO	TRO	**46,5**	
	F	4,28	4,33	4,54	4,56	5,43			**5,88**	
	E	3,69	3,73	4,00	3,93	3,89			**3,33**	
	Ft	9,13	9,11	9,51	9,28	9,21			**8,54**	
	H	*213*	*209*	*174*	*191*	*145*			***263***	
Tier 7	Z	109	31	153	197	446	285	251	**160**	
	M	47,5	42,6	34,6	20,5	21,5	36,6	18,3	**22,9**	
	F	6,30	4,20	4,73	2,80	4,15	5,46	4,66	**3,81**	
	E	3,86	3,06	3,14	3,50	3,51	3,38	3,53	**3,47**	
	Ft	9,12	8,25	8,63	8,49	8,86	8,12	8,84	**8,67**	
	H	*184*	*230*	*233*	*231*	*286*	*266* +	*310* +	***334***	
Tier 8	Z	24	122	69	52	131	138	224	**96**	
	M	41,3	25,1	28,5	27,7	25,3	26,9	20,2	**23,2**	
	F	5,45	3,66	3,69	3,50	3,94	4,22	3,93	**3,11**	
	E	2,90	3,39	3,13	3,24	3,24	3,25	3,18	**3,15**	
	Ft	8,23	8,68	8,74	8,61	8,82	8,48	8,52	**8,55**	
	H	*229*	*231*	*227*	*211* +	*322*	*295* +	*334*	***251***	
Tier 9	Z	65			57	47	26	238	**30**	
	M	13,4	TRO	TRO	37,0	40,2	36,9	36,7	**36,4**	
	F	5,00			6,04	4,08	5,17	4,99	**3,47**	
	E	3,65			3,12	2,95	3,52	4,02	**3,56**	
	Ft	8,94			8,43	8,38	8,48	9,27	**8,72**	
	H	*157*			*177*	*216* +	*334* +	*322* +	***301***	
Tier 10	Z	1175	2018		1269	458	1465	468	**157**	
	M	18,9	8,2	TRO	43,1	43,3	31,6	32,8	**37,6**	
	F	4,67	4,48		4,91	3,38	4,20	3,92	**4,56**	
	E	3,64	3,66		3,18	3,12	3,03	3,17	**3,29**	
	Ft	8,87	8,20		8,14	8,38	8,20	8,57	**8,54**	
	H	*248*	*186*		*174*	*216*	*232*	*235*	***297***	
Tier 11	Z	52	36	49	211		73	113	**88**	
	M	26,5	27,3	24,3	22,8	TRO	35,2	45,8	**37,3**	
	F	4,80	4,51	4,88	5,38		6,32	4,13	**2,43**	
	E	3,38	3,52	3,56	3,69		4,22	3,26	**3,24**	
	Ft	8,83	8,92	9,07	8,93		9,36	8,76	**8,58**	
	H	*219*	*193*	*208*	*088*		*183*	*191* +	***307***	

Z (Zellzahl), M (Milchmenge), F (Fett), E (Eiweiß), Ft (fettfreie Trockenmasse), H (Harnstoff)

Darüber hinaus fielen 33 der 172 laktierenden Tiere (= 19 %) mit einer vom Standard (DLG-Daten) abweichenden Milchleistungskurve auf. Hier wurde die Peakleistung nicht zur zweiten oder dritten Milchkontrolle erreicht, sondern die Milchleistung fiel gleich nach der ersten Milchkontrolle ab. Das dürfte ebenfalls als Hinweis auf eine ketotische Stoffwechselbelastung gesehen werden.
Auch verdeutlichten die Milchleistungsdaten bei vielen Tieren in der Frühlaktation ein Zellzahlproblem.

Betriebsrundgang

Haltung: Überbelegung mindert Wohlbefinden

Die laktierende Herde wurde in zwei Gruppen gehalten und gefüttert. Die hochleistende Gruppe (Gruppe 1) war in einem am alten Stall neu angebauten Abteil untergebracht. Sie hatte Zugang zu zwei Futtertischen: einer im Stall, der andere außenliegend und überdacht. Der Stall war luftig und hell. Die Hochboxen waren mit einer Matte ausgestattet, die aber nur sehr wenig eingestreut war.
Auffallend war die starke Überbelegung in dieser Gruppe. Für 105 Tiere standen 90 Liegeboxen zur Verfügung (+ 17 %).

Der Wechsel in die niedrigleistende Gruppe (Gruppe 2) wurde bei den Kühen mit einer Tagesmilchleistung von unter 30 kg und bei den Farsen mit einer Leistung von weniger als 27 kg angestrebt. Diese Gruppe wurde im alten Stall gehalten, dessen Licht- und Luftverhältnisse den Ansprüchen von Milchkühen mit hoher Leistung nicht gerecht wurden. Die Laufgänge waren eng, verwinkelt und ließen keinen ungehinderten Kuhverkehr zu. Zudem herrschte hier ebenfalls eine Überbelegung, die insbesondere die Luft- und Platzverhältnisse noch weiter verschlechterte.
Dieses Stallabteil war auch mit Hochboxen ausgestattet. Jedoch waren hier die Liegematten recht hart und ebenfalls nur sehr dürftig mit Häckselstroh eingestreut.

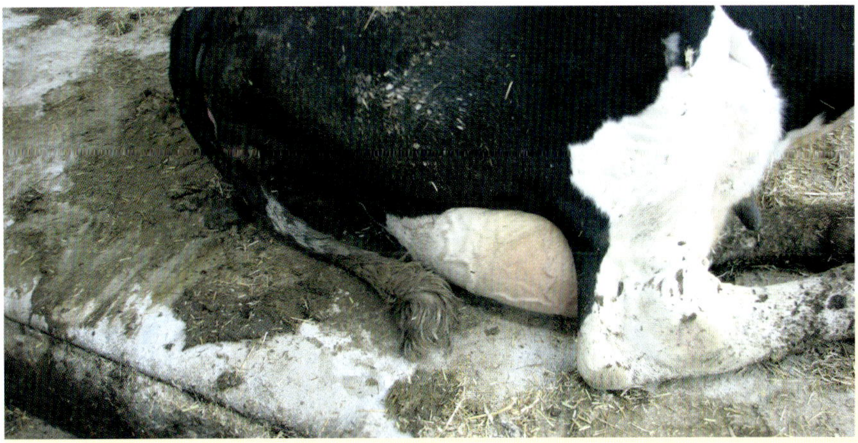

Unsaubere Liegeboxen bieten für Umweltkeime ein ideales Vermehrungsmilieu.

Auffälligkeiten bei den Tieren

Klauengesundheit: lahme Kühe häufig unterkonditioniert

Während des Betriebsrundganges fielen ca. 10 % der Herde mit deutlichen Klauenproblemen auf. In der Trockenstehergruppe waren die klauenkranken Kühe zudem auch unterkonditioniert. Einen Überblick über besondere Auffälligkeiten gibt Tabelle 2.1.

Tab. 2.1: Überblick über die Klauengesundheit im Betrieb

Tiernummer	Bemerkungen	Lahmheitsscore (locomotion score Checkliste S. 125)
Trockensteher		
Tier 25	deutlich unterkonditioniert!!!	Note 5
Tier 34	unterkonditioniert!!, vorne rechts dickes Sprunggelenk	Note 3
Tier 70	unterkonditioniert	Note 3
Tier 88	sehr unterkonditioniert!!!, krummer Rücken	Note 5
Tier 133	unterkonditioniert	Note 4
Laktierende Herde		
Tier 15	hinten links lahm	Note 3
Tier 42	hinten rechts lahm	Note 4
Tier 50	hinten links lahm	Note 3
Tier 51	hinten links überkreuzte Klauen, lahm	Note 4
Tier 69	Endometritis	Note 3
Tier 74	hinten rechts lahm	Note 4
Tier 108	hinten rechts lahm	Note 4
Tier 122	ganz stark abgemagert	Note 4
Tier 130	hinten rechts lahm	Note 3
Tier 139	ganz stark abgemagert	Note 4

Trotz der Bestandsklauenpflege zweimal im Jahr und einer Klauenkontrolle zum Trockenstellen war die Klauengesundheit in diesem Betrieb allgemein nicht zufrieden stellend.

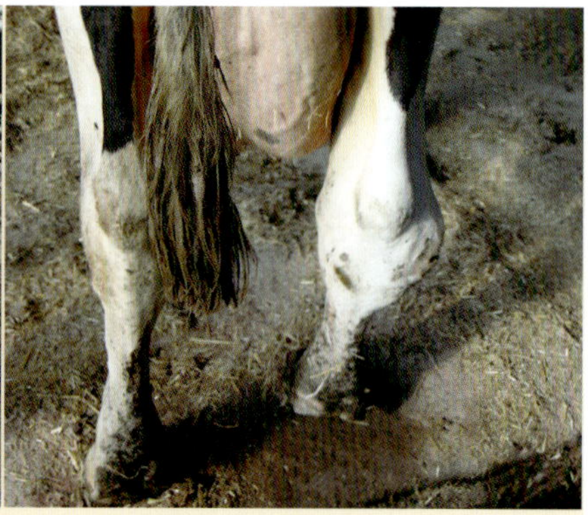

Diese Kuh schont die linke Hinterklaue und zeigt deutliche Lahmheitserscheinungen (Lahmheitsscore 4). (li.)

Es fielen mehrere Tiere mit dicken und z.T. offenen Sprunggelenken auf. (re.)

Hygiene: viele schmutzige Beine und Euter

In beiden Gruppen fiel auf, dass ein großer Teil der Tiere sehr schmutzig war, besonders an den Beinen, an der Hinterhand und am Euter, zum Teil aber auch auf dem Rücken.

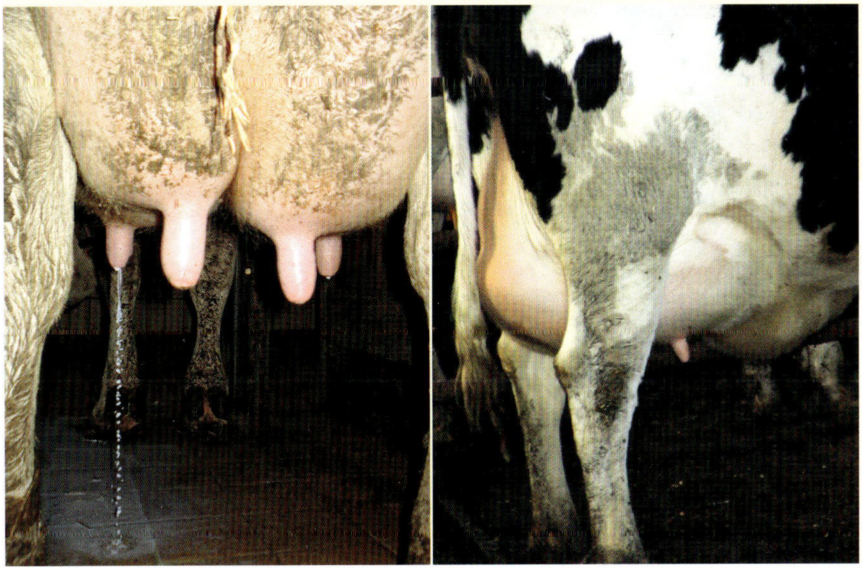

Stark verschmutztes Euter (li.)

Stark verschmutzte Hintergliedmaßen (re.)

In der Gruppe 1 wurde dieses hauptsächlich dadurch hervorgerufen, dass viele Tiere in ihren Liegeboxen zu weit vorne lagen. Auch gestatteten die Liegeboxenbügel den Tieren im hinteren Bereich der Liegebox eine sehr große Bewegungsfreiheit, welche die Tiere nutzten, um sich vermehrt quer in die Boxen zu legen.

Bei der Gruppe 2 im alten Stall dürfte v.a. das allgemein geringe Platzangebot zum Liegen und Laufen sowie die nicht optimale Liegeboxenpflege für die Verschmutzung der Tiere verantwortlich gewesen sein. Zudem hatten viele Tiere sehr lange, verschmutzte Schwänze.

Die zahlreichen mit Kot beschmutzten Liegeboxen begünstigten auch das Auftreten von Coli-Mastitiden.

Verhalten: Schwachstelle Mensch-Tier-Beziehung

Die Tiere reagierten relativ scheu und ängstlich, manche sogar schreckhaft, wenn man sich ihnen von hinten näherte und sie berühren wollte. Das resultierte daraus, dass sie immer in den Melkstand hineingetrieben (von hinten angetrieben) werden mussten und daher der Umgang mit den Menschen für sie nicht entspannt war. Die Tiere wollten den Melkstand nicht gerne freiwillig betreten, da die Treibwege dorthin verwinkelt und unübersichtlich waren. Wenn Kühe nicht sehen können, wohin sie gehen, verhalten sie sich zögerlich und ängstlich.

Die Tiere verhielten sich ängstlich und eher menschenscheu.

Auch im alten Melkstand selbst bereitete das Melken den Tieren Stress. Dies kann sich immer negativ auf das Wohlbefinden und die Eutergesundheit auswirken.

Melktechnik und -hygiene: Überprüfung der Melkarbeit

Neben der psychischen Belastung der Tiere durch das Hineintreiben in den Melkstand ergab die Überprüfung der Melkanlage durch einen unabhängigen Melktechnikberater, dass die Tiere nicht vollständig ausgemolken wurden. Auch dies begünstigt Eutererkrankungen und Zellzahlerhöhungen. Der Techniker stellte die Anlage neu ein und empfahl das Auswechseln der bereits abgenutzten Zitzengummis.

Die Euter wurden, obwohl sie verschmutzt waren, nicht mit einem Tuch abgewischt. Vormelkbecher kamen ebenfalls nicht zum Einsatz, so dass das Milchsekret auf die Standfläche gemolken wurde. Auf diesem Wege konnten Krankheitserreger für Euterentzündungen schneller von Tier zur Tier übertragen werden.

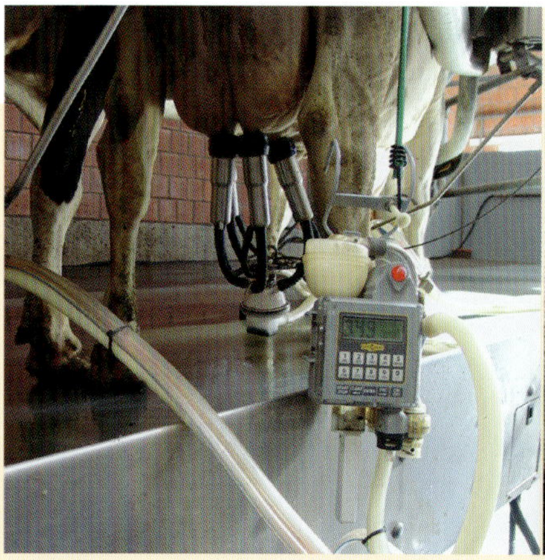

Der Melktechniker überprüfte den Melkvorgang. (li.)

Auf den Melkstandboden gespritztes Milchsekret ist eine Infektionsquelle für Euterentzündungen. (re.)

Fütterung: nicht optimal eingestellte Rationen

Im Betrieb wurden für beide Gruppen der laktierenden Tiere unterschiedlich stark aufgewertete Rationen gefüttert. Darüber hinaus erhielten die Tiere je nach Milchleistung Kraftfutter an den Automaten. In jeder Gruppe waren zwei Kraftfutterstationen installiert.

Die gefütterten Rationen können Tabelle 2.2 entnommen werden.

Tab. 2.2: Übersicht der gefütterten Rationen

Tiergruppe	Rationszusammensetzung	Rationseckparameter und „Kommentare“
Laktierende Kühe Gruppe 1 (Hochleistungsgruppe):	50 % Gras- und 50 % Maissilage i.d.TM + 4 kg einer eiweißreichen Vormischung (50 % Sojaextraktionsschrot, 24 % Rapsexpeller, 24 % Rapsextraktionsschrot, 2 % Melasse) + 4 kg Kraftfutter 18/3 + 110 g Mineralfutter + tierindividuell nach Leistung noch durchschnittlich 2 kg Kraftfutter 20/3 am Automaten	Ration am Futtertisch entspricht fast einer TMR: NEL: 6,7 MJ/kg TM nXP: 162 g nXP/kg TM ➥ Milch aus NEL: 28 kg ➥ Milch aus nXP: 31,5 kg *„Die Energie- und Eiweißversorgung ist nicht ausgeglichen, die Eiweißversorgung im Vergleich zur Energieversorgung zu hoch.“* (Fachkommentar)
Gruppe 2 (Niedrigleistungsgruppe):	50 % Gras- und 50 % Maissilage i.d.TM + 5 kg Kraftfutter 18/3 + 110 g Mineralstoffe + tierindividuell nach Leistung noch durchschnittlich 2 kg Kraftfutter 20/3 am Automaten	Ration am Futtertisch: NEL: 6,5 MJ/kg TM nXP: 142 g/kg TM ➥ 24,6 kg Milch aus NEL ➥ 24,8 kg Milch aus nXP *„Unter Berücksichtigung auch des Kraftfutters am Automaten war die Energie- und Eiweißversorgung insgesamt für das Leistungsniveau der Tiere der Gruppe 2 recht hoch.“* (Fachkommentar)
Früh-Trockensteher	80 % Gras- und 20 % Maissilage i.d.TM	NEL: 5,9 MJ/kg TM nXP: 128 g/kg TM *„Die Energieversorgung ist zu hoch. Ohne eine entsprechende Mineralisierung der Ration ist die Spurenelement- und Vitaminversorgung nicht bedarfsgerecht.“* (Fachkommentar)

Fortsetzung Tab. 2.2

Anfütterungs-gruppe (Transit)	Ration der laktierenden Gruppe 1 (von dieser Ration wurden 65 % gefüttert) + 100 g Trockenstehermineral	NEL: 6,7 MJ/kg TM nXP: 162 g/kg TM *„Die Ration bewirkt eine Eiweiß-überversorgung und fördert somit eine alkalotische Stoff-wechsellage. Dadurch erhöht sich die Milchfiebergefahr."*
Jungrinder 1/2 Jahr bis Besamung (15 Monate):	80 % Gras- und 20 % Maissilage (auf die FM bezogen) + ca. 2 kg einer eiweißreichen Vormischung + 40 g Mineralfutter für Rinder +10 g Futterkalk	NEL: 6,4 MJ/kg TM XP: 21,2 % i.d.TM *„Die Jungrinder werden deutlich mit Eiweiß überversorgt. Die Mineralsstoffversorgung ist eben-falls bedarfsüberschreitend."*
Jungrinder ab Besamung	80 % Gras- und 20 % Maissilage (auf die FM bezogen)	NEL: 5,9 MJ/kg TM XP: 14,2 % i.d.TM *„Ohne eine entsprechende Mineralisierung der Ration ist die Spurenelement- und Vitaminver-sorgung nicht bedarfsgerecht."*

Futterhygiene: Reinigung des Futtertisches schlecht möglich

Da gerade bei den Mastitiserregern aus der Umwelt, Streptococcus uberis und E. Coli, die Futterhygiene eine große Rolle spielt, wurden die Silagen auf ihre Gärqualität hin untersucht. Sowohl die verfütterte Mais-, als auch die Grassilage waren von sehr guter Gärqualität und wurden auch auf dem Futtertisch nicht warm. Jedoch war die Reinigung des im alten Stall vorhandenen Futtertisches nur schwer möglich, da die Futtertisch-oberfläche schon sehr porös war. In den vielen Rissen und Unebenheiten blieben immer wieder zahlreiche Futterreste liegen, die unangenehm rochen und einer hohen Futteraufnahme der Tiere entgegenwirkten. Auch der Futtertisch im neu gebauten Abteil des Stalls konnte nicht 100 %ig gereinigt werden, vor allem an der Krippenkante. Dort sammelten sich Futterreste an, die schnell schimmelten und einen Keimherd bildeten.

Dieser Futtertisch ist nur unzureichend gereinigt, so dass die Futterreste bereits Schimmelstellen zeigen.

Körperkondition: viele Tiere waren überkonditioniert

Im Mai 2007 wurde erstmalig die Körperkondition der Herde beurteilt. Anlass war die Betriebsberatung aufgrund der sich verschlechternden Eutergesundheit und das Blutprobenergebnis von acht Tieren, das bei sieben Tieren eine stark erhöhte Leberenzymaktivität anzeigte. Zu diesem Zeitpunkt waren 54% der laktierenden Kühe und Färsen überkonditioniert, einige sogar extrem (Abb. 2. 4).

Abb. 2.4: Körperkonditionsbeurteilung im Mai 2007

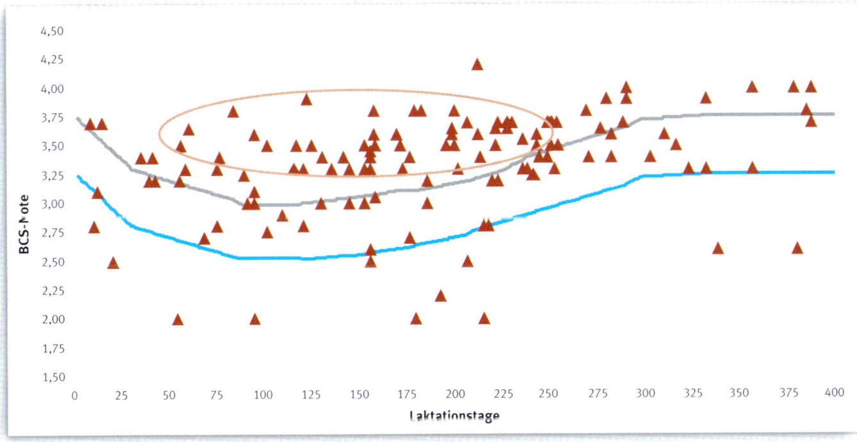

Zwei Monate später erfolgte eine wiederholte Körperkonditionsbeurteilung, diesmal differenziert für die trockenstehenden Kühe und die laktierende Herde in beiden Gruppen (Abb. 2.5). Dabei zeigte sich ein ähnliches Bild: 46% der Tiere in der Hochleistungsgruppe waren überkonditioniert. In der Gruppe 2 betrug der Anteil überkonditionierter Kühe und Färsen noch 34% und bei den Trockenstehern noch 30%.

Abb. 2.5: Körperkonditionsbeurteilung im Juli 2007

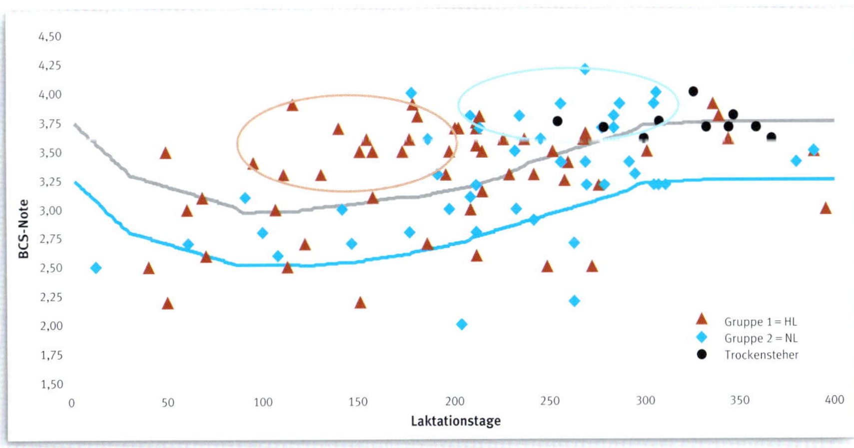

Erst die Beurteilung der Körperkondition der Tiere deckte Schwachpunkte bei der Umgruppierung auf.

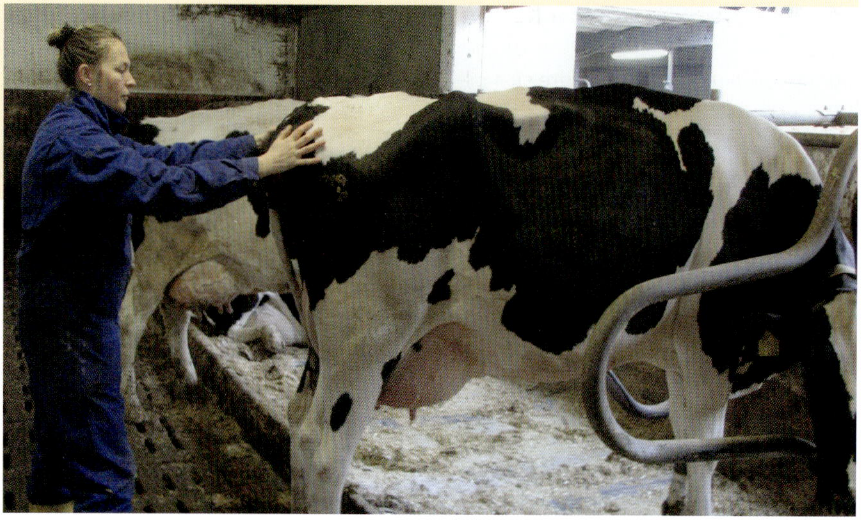

Besonders auffallend war die Punktewolke für die Tiere der Gruppe 1 zwischen dem 100. und 200. Laktationstag. Die meisten dieser Tiere waren zu diesem Zeitpunkt deutlich überkonditioniert. Diese Punktewolke setzte sich dann bei einigen Tieren der Gruppe 2 vom 200. bis 250. Laktationstag fort. Das verdeutlicht, dass die meisten laktierenden Tiere der Gruppe 1 grundsätzlich zu spät in die Gruppe 2 überführt wurden. Dieser Gruppenwechsel, der mit einer energie- und eiweißärmeren Fütterung verbunden war, hätte für zahlreiche Tiere deutlich früher und unter Einbeziehung der Körperkondition erfolgen sollen.

Fachkommentar

„Ein Umgruppieren in die niedrigere Fütterungsgruppe ist dann zweckmäßig, wenn die Milchleistung des Tieres zwar den Anforderungen der derzeitigen Fütterungsgruppe entspricht, die Körperkondition aber (0,25 Noten und mehr) oberhalb der angestrebten liegt und der nachfolgende Laktationsverlauf ein weiteres Verfetten befürchten lässt.

Ein möglicherweise umstellungsbedingter Rückgang der Milchleistung wird in Kauf genommen, da die Laktation fortgeschritten ist und ein Verfetten unbedingt vermieden werden muss, was deutliche Vorteile für die nachfolgende Laktation mit sich bringt.

Hingegen ist keine Umgruppierung in die niedrigere Fütterungsgruppe vorzunehmen, wenn zwar die Milchleistung unter den Anforderungen der derzeitigen Fütterungsgruppe liegt, das Tier aber unterkonditioniert ist und die Zeitspanne bis zum Trockenstellen nur noch kurz ist.

Beträgt hingegen bei solchen unterkonditionierten Tieren die Zeit bis zur Trockenstehphase noch 150 oder gar 200 Tage, dann würde eine Umstellung aus futterökonomischer Sicht erfolgen, da das Tier noch genügend Zeit hat, Körperfettreserven anzulegen.

Färsen, deren Milchleistung unter der Anforderung an die höchste Fütterungsgruppe (Gruppe 1 = Hochlaktation) liegt, die aber deutlich zu mager sind und deren Wachstum noch nicht abgeschlossen ist, haben ebenfalls einen über die Milchleistung hinausgehenden Energiebedarf, dem Rechnung getragen werden sollte."

Erfolgskontrolle anhand der Körperkonditionsbeurteilung

Weitere neun Monate nach einer erstmals stärkeren Berücksichtigung der Körperkondition beim Umgruppieren zeigte sich die Milchkuhherde allgemein schlanker. Ein deutlich größerer Teil der Tiere befand sich nun in einer optimalen Körperkondition (Abb. 2.6). Zeitgleich war die Tagesmilchleistung um 2 kg je Tier gestiegen. Überkonditionierungen wiesen nur noch ca. 20 % der Tiere auf.

Abb. 2.6: Körperkonditionsbeurteilung im April 2008

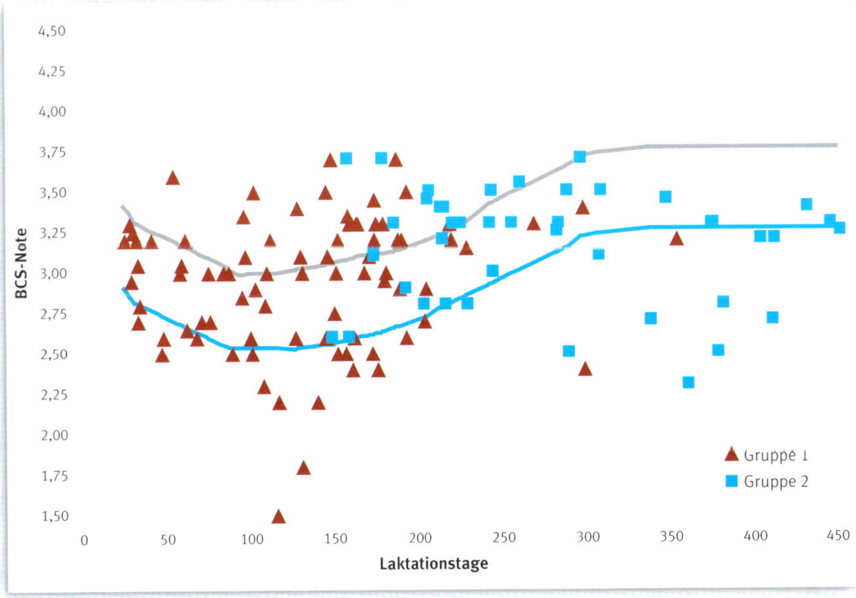

Dieser Erfolg beruhte auch auf der insgesamt kraftfutterreduzierteren, besser am Bedarf der Tiere ausgerichteten Fütterung in der Gruppe 2. Und nicht zuletzt war die Überbelegung im Stall reduziert worden, so dass nun jedem Tier ein Liegeplatz zur Verfügung stand, sich die Tiere demnach wesentlich wohler fühlten und ihre Milchleistung steigern konnten.

Dennoch fiel auch diesmal wieder die Punktewolke bei den Tieren der Gruppe 1 zwischen dem 100. und 200. Laktationstag oberhalb der optimalen Körperkondition auf. Solche Tiere sollten verstärkt zu einem früheren Laktationszeitpunkt umgestellt werden.

Problembeschreibung

Grund für die Betriebsberatung war die mangelhafte Eutergesundheit, die sich neben einer insgesamt sehr hohen Zellzahl durch das gehäufte Auftreten von Mastitiden, insbesondere auch Coli-Mastitiden, zeigte. Die Auswertung der Milchkontrolldaten ergab, dass viele Tiere in der Frühlaktation unter einer subklinischen Ketose litten. Als eine hauptsächliche Ursache hierfür wurden zahlreiche fette und überversorgte, da häufig zu spät umgruppierte Tiere in der laktierenden Herde ausfindig gemacht.
Die Trockensteher wurden ebenfalls deutlich mit Energie überversorgt. Das verstärkte die Problematik. So muss davon ausgegangen werden, dass zahlreiche Tiere nach dem Kalben eine sehr ausgeprägte, lang anhaltende negative Energiebilanz durchliefen, die zur subklinischen Ketose führte. In Folge dessen wurden die Abwehrkräfte der Tiere geschwächt und diese damit anfälliger für Umweltmastitiden.
Haltungsmängel, eine nicht ausreichende Boxenhygiene sowie Schwachstellen im Melkprozess bewirkten darüber hinaus eine weitere Verschärfung des Eutergesundheitsproblems. Außerdem fielen im Betrieb zahlreiche lahme Kühe auf.

Fachkommentar

„Dass Klauengesundheitsprobleme auch eine Folge von ketotischen Stoffwechselbelastungen sein können, ist vielen Landwirten nicht bewusst. Meistens werden Klauenerkrankungen seitens der Fütterung eher mit Pansenazidosen in Verbindung gebracht und darüber hinaus vergessen, dass auch eine stark negative Energiebilanz die Qualität des nachwachsenden Klauenhorns beeinträchtigt.

Weiterhin werden unter dem hormonellen Einfluss der Geburt die kollagenen und elastischen Fasern des bindegewebigen Teils des Klauenbeinträgers gelockert. Das führt zu einer erhöhten Instabilität des Klauenbeins innerhalb der Hornkapsel. Die Sohlen- und Ballenlederhaut wird in diesem Bereich zwar durch das Ballenfettpolster vor unphysiologischen Druckbelastungen geschützt. Wenn die Kuh aber zu Beginn der Laktation aufgrund einer ketotischen Stoffwechselsituation massiv Körperfettreserven abbaut, so wird dabei auch dieses Ballenfettpolster angegriffen. Das wiederum bewirkt eine eingeschränkte Polsterwirkung und damit eine stärkere Kompression der Ballenlederhaut. Das beeinträchtigt die Durchblutung der Lederhaut, wodurch der notwendige Nährstoff- und Sauerstofftransport von den Blutgefäßen der Lederhaut zur Keimschicht (Bildungsstätte des Hornes) mehr und mehr unterbunden wird. Unter diesen Umständen ist die Produktion von gesundem Horn nicht mehr möglich.

Darüber hinaus führt jede Art der zusätzlichen Belastung, wie in diesem Betrieb die Überbelegung, zu einer Beeinträchtigung der Klauengesundheit. Überbelegung heißt immer, dass zahlreiche Tiere nicht mehr lange genug liegen und folglich ihre Klauen und Gliedmaßen nicht ausreichend entlasten können. Die Leidtragenden sind hier v.a. die rangniederen Erstkalbskühe."

Maßnahmen

Im Folgenden werden alle Maßnahmen aufgelistet, die im Rahmen der Betriebsberatung empfohlen wurden.

Fütterung

- [x] Bei der **Umgruppierung** der laktierenden Kühe und Färsen von Gruppe 1 in die Gruppe 2 sollten neben der tatsächlichen Milchleistung auch die Trächtigkeitstage und vor allem auch die Körperkondition stärker berücksichtigt werden. Häufig ist ein Gruppenwechsel zur Laktationsmitte besser und mit geringeren Leistungseinbrüchen verbunden als ein Wechsel zur nächst niedrigeren Fütterungsgruppe erst im letzten Laktationsdrittel.
- [x] Eiweißgehalt der **Ration der Fütterungsgruppe 1** am Futtertisch durch eine Verringerung der eiweißreichen Vormischung um 2 kg reduzieren und dafür die Menge des Kraftfutters (18/3) um 2 kg erhöhen, um eine ausgeglichene Energie- und Eiweißversorgung zu gewährleisten. Die Kraftfuttermenge der Ration am Futtertisch sollte insgesamt mit 8 kg unverändert bleiben.
- [x] Kraftfuttermenge der **Teil-Mischration der Fütterungsgruppe 2** von 5 kg auf 2–3 kg (je nach Energiegehalt des Silagen) und damit die Energie- und Nährstofflieferung dieser Ration reduzieren. Kühe mit einer Tagesmilchleistung von mehr als 23 kg erhalten individuell nach Leistung und Körperkondition Kraftfutter am Automaten (im Durchschnitt 2–3 kg/Tier und Tag).
- [x] Ration der **Früh-Trockensteher** bei unverändertem Gras : Mais-Verhältnis (80 : 20 %) mit 1 kg Häckselstroh energetisch und eiweißseitig verdünnen und mit 100 g eines Trockenstehermineralfutters die entsprechende Vitamin- und Mineralstoffversorgung absichern.
  „Eine ausreichende Vitamin- und Spurenelementversorgung – gerade im trockenstehenden Bereich – beeinflusst das Immunsystem der Kühe positiv und nimmt somit auch Einfluss auf die Eutergesundheit.“
  Fachkommentar
- [x] Durch die Reduzierung der Eiweißversorgung der Ration der Gruppe 1 eignet sich diese Ration zum Füttern der Transitkühe. Auf das Milchfiebergeschehen muss geachtet werden.
- [x] In der Ration für die **Jungrinder bis zur Besamung** die 2 kg der eiweißreichen Vormischung durch ein Kraftfutter 18/3 ersetzen, um die Eiweißüberversorgung zu reduzieren. Für eine bedarfsdeckende Mineralstoffversorgung sind ca. 30–40 g/Tier und Tag eines ausbalancierten Mineralfutters für Rinder ausreichend.
- [x] Für eine bedarfsdeckende Mineralstoffversorgung der **Jungrinder ab der Besamung** werden ca. 80 g/Tier und Tag eines Mineralfutters für Rinder benötigt.
  „Eine bedarfsgerechte Mineralstoffversorgung ist für viele lebensfähige Vorgänge im tierischen Organismus notwendig. Hier gilt der Spruch: Eine kleine Menge mit großer Wirkung!“
  Fachkommentar

- ☑ Bauliche Veränderung des Futtertisches durch z. B. L-Schalen, um eine bessere Reinigung und damit eine hygienische Futtervorlage zu ermöglichen.

Hygiene im Stall

- ☑ Die langen Haare im Schwanzbereich der Tiere abschneiden, um ein zusätzliches Beschmutzen zu reduzieren.
- ☑ Bei der Wahl der Liegeboxenbügel darauf achten, dass im hinteren Bereich der Liegebox unterhalb der Bügel nicht zu viel Platzfreiheit entsteht, da sich ansonsten die Tiere häufig eher schräg in die Boxen legen und sie somit zusätzlich verschmutzen
- ☑ Liegeboxenpflege verbessern, Einstreumenge erhöhen
- ☑ Jegliche Überbelegung vermeiden; Überbelegung bedeutet zusätzlichen Stress für die Tiere, eine große physische Belastung der Klauen und Gliedmaßen und ein höheres hygienisches Risiko.

Melken

- ☑ Standards der guten Melkhygiene beachten: Euter abwischen (1 Tuch je Tier); Vormelkbecher benutzen; Dippen mit pflegendem Desinfektionsmittel oder Barrieredippmittel gegen Umwelterreger einsetzen
- ☑ Mindestens einmal, besser zweimal jährliche Melkmaschinenberatung/-messungen durchführen lassen; notieren, wann z. B. neue Zitzengummis eingesetzt wurden, um bereits vorzunotieren, wann diese wieder ausgewechselt werden müssen

Fachkommentar

„Überalterte Zitzengummis verlieren ihre Elastizität und können dann an der Zitze nicht mehr funktionsgerecht arbeiten. Außerdem wird das Gummi porös und kann schlechter gereinigt werden. In den Ritzen vermehren sich dann Keime, die einerseits die Keimzahl der Milch erhöhen und andererseits die Übertragung von Mastitiskeimen ermöglichen."

LANDWIRT: *„Ich hätte nicht gedacht, dass die Lösung der Mastitisprobleme in meiner Herde so stark mit der Fütterung zusammenhängen können.*
Und ich hätte ebenfalls nicht geglaubt, dass Kühe mit ihrer Körperkondition so stark auf eine veränderte Fütterung reagieren. Ich beurteile jetzt regelmäßig die Körperkondition meiner Tiere, vor allem beim Gruppenwechsel der laktierenden Kühe und Färsen. Die BCS-Methode ist einfach zu erlernen. Anfangs hat meine Fütterungsberaterin noch geholfen. Jetzt bin ich sicher in der Beurteilung und habe es in meiner Herde als feste Routine eingeführt."

TIERÄRZTIN: *„Der Stoffwechsel der Tiere und ihr Immunsystem haben sich deutlich verbessert. Es gibt weniger klinische Mastitisfälle und auch die Klauengesundheit hat sich verbessert. Fieber tritt nur noch bei 10% der Frischabkalber auf und steht jetzt immer im Zusammenhang mit klinischen Symptomen. Der Infektionsdruck in der Herde hat abgenommen, da sich die Haltungsbedingungen und die Sauberkeit im Stall deutlich verbessert haben. Man sieht es den Kühen an, dass sie sich jetzt wohler fühlen."*

Fall 3

Subklinische Azidose

Ursache für Euter- und Klauenprobleme

Betriebssituation

Die 80 Kühe des Milchkuhbetriebes im Zentrum Schleswig-Holsteins hatten eine Milchleistung von über 10.000 kg pro Tier und Jahr. Erfreulicherweise lag das Alter der Herde im Schnitt bei fast fünf Laktationen. Dementsprechend niedrig war auch der Färsenanteil mit 16 %. Seit Jahrzehnten legte der Betriebsleiter viel Wert auf Zuchtarbeit. Der Verkauf von Färsen bedeutete für den Betrieb einen wichtigen Geschäftszweig.

Landwirt: *„Seit ein paar Monaten sinkt der Milchfettgehalt stetig ab. Außerdem haben wir zunehmend Probleme mit lahmen Kühen und hatten innerhalb der letzten drei Monate fünf Labmagenverlagerungen."*

Tierärztin: *„Die Klauenpflege führt der Landwirt selbst durch. Im letzten halben Jahr wurden mir aber häufiger lahme Kühe vorgestellt. Meistens handelte es sich um Sohlengeschwüre. Die Qualität des Klauenhorns hat sich verschlechtert. Manche Tiere zeigen typische Rehe-Ringe. Ein weiteres Problem ist die schwankende Zellzahl (150–300.000 Zellen/ml) im Herdendurchschnitt. Auch hat die Zahl der klinischen Mastitisfälle zugenommen. Einige Tiere sind nicht mehr erfolgreich therapierbar."*

Mehrere Hochleistungskühe zeigten vermehrt Sohlengeschwüre. (li.)

Es traten auffallend mehr klinische Mastitiden auf. (re.)

Betriebsdaten

Aktuelle Milchkontrolle: auffallend niedriger Milchfettgehalt

Die Milcheiweißgehalte lagen mit 3,45 % im gleitenden Herdendurchschnitt und mit 3,52 % bei der zum Zeitpunkt der Beratung aktuellen Milchkontrolle erfreulich hoch (Abb. 3.1).

Abb. 3.1

1. Ergebnisse der Milchleistungsprüfung

Tage im Prüfungsjahr		Prüfungstag (PT)	Prüfungszeitraum in Tagen bis PT	nach PT	Gesamt	
-	vorheriger	09.02.07	13,5	14,0	27,5	(endgültig)
160	aktueller	**09.03.07**	14,0	?	14,0	(vorläufig)

Leistung am Prüfungstag je Kuh

	Kühe gesamt	Kühe in Milch	Milch kg gesamt	Milch kg gemolken	Fett %	Eiweiß %	FFTM %	Anz.Kühe > 200 Tsd Zellen	Zellzahl Herde	Milch k
	79	69	26,5	30,4	3,49	3,52	8,95	26	248	2095
Vormonat	*79*	*75*	*30,1*	*31,7*	*3,54*	*3,52*	*8,89*	*29*	*332*	*2374*
Vorjahresm.	*78*	*73*	*29,4*	*31,5*	*4,24*	*3,49*	*8,88*	*18*	*219*	*2297*

Gleitender Herdendurchschnitt

	Kontr.vom	Kühe	Milch kg	Fett %	Fett kg	Eiw. %	Eiw. kg
	09.03.07	**79**	**10167**	**3,85**	**392**	**3,45**	**351**
	09.02.07	*78*	*10229*	*3,89*	*398*	*3,45*	*353*
zum Vergleich:	***17.03.06***	*56*	*10298*	*3,79*	*390*	*3,47*	*357*
Herdenleistung seit Beginn des Prüfungsjahres		78	4607	3,80	175	3,46	159

Jedoch fiel im Vergleich zum gleitenden Herdendurchschnitt der Milchfettgehalt bei der aktuellen Kontrolle stark ab und betrug nur noch 3,49 %. Davon waren alle Tiere der drei Laktationsstadien betroffen (Abb. 3.2). Auch war die Milchleistung im gleitenden Herdendurchschnitt im Vergleich zum Vormonat und auch zum Vorjahr leicht gesunken.

Abb. 3.2

2. Ergebnisse der Harnstoffuntersuchung (Durchschnittswerte der Melktagegruppen am Prüfungstag)

	Anzahl Kühe	Anzahl Färsen	Milch kg	Fett %	Eiweiß %	Harnstoff mg/kg	
10. - 100. Lakt.Tag Sollwert	14	4 *66*	37,7	3,54	3,35 3,10-3,80	176 150-300	Eiweiß- und Harnstoffgehalt liegen im No ialbereich. Futterration erscheint hinsichtlich Energie und Rohproteingehalt ausgeglichen.
101.-200. Lakt.Tag Sollwert	26	1 *152*	35,0	3,24	3,46 3,20-3,85	225 150-300	Eiweiß- und Harnstoffgehalt liegen im No ialbereich. Futterration erscheint hinsichtlich Energie und Rohproteingehalt ausgeglichen.
> 200. Lakt.Tag Sollwert	29	6 *386*	22,6	3,82	3,75 3,30-3,90	236 150-300	Eiweiß und Harnstoffgehalt liegen im No nalbereich. Futterration erscheint hinsichtlich Energie und Rohproteingehalt ausgeglichen.
Gesamt	69	11 *233*	30,4	3,49	3,52	216	

Der Milchfettgehalt sank vom Anfang des Jahres von ehemals 3,8 % auf unter 3,4 % (Abb. 3.3). Zeitgleich waren große Schwankungen bei der Zellzahl in der Anlieferungsmilch zu beobachten.

Abb. 3.3: Entwicklung der Milchinhaltsstoffe in den letzten drei Monaten

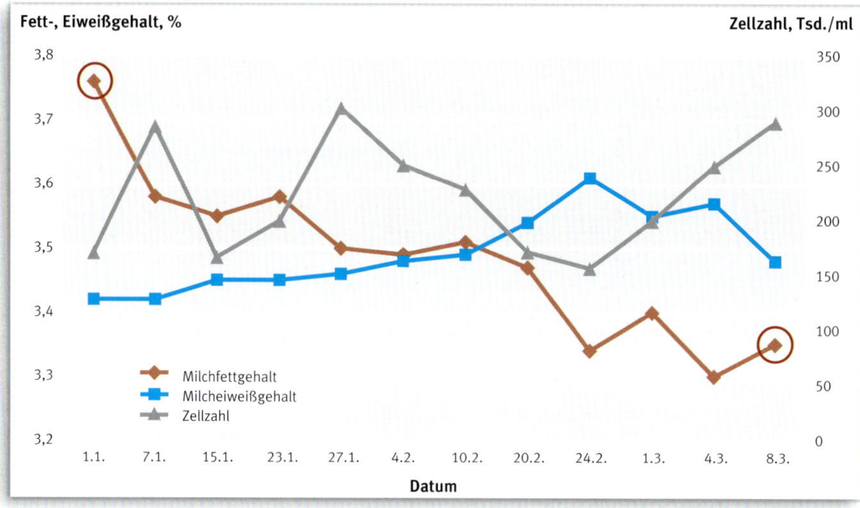

→ Sinkende Milchfettgehalte in den letzten zwei Monaten

Die grafische Auswertung zeigt zahlreiche Tiere mit einem unterdurchschnittlichen Fettgehalt (Abb. 3.4). So lag auch der Fett/Eiweiß-Quotient von 1,0–1,2 bei nahezu allen Tieren sehr niedrig. Viele Tiere wiesen sogar einen Fett/Eiweiß-Quotienten unter 1 auf. Dies waren erste Hinweise auf das Vorliegen einer Pansenazidose als Bestandsproblem.

Abb. 3.4

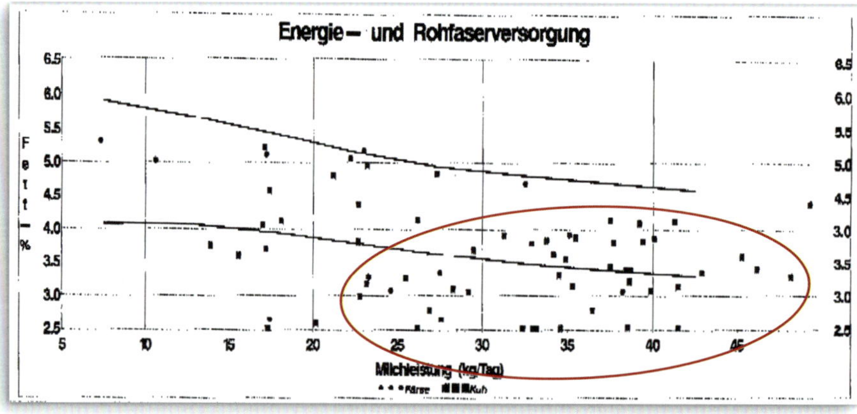

Grundsätzlich hatten zahlreiche Kühe und Färsen zu Laktationsbeginn eine sehr hohe Milchleistung. Viele brachen aber besonders ab dem 200. Laktationstag stärker ein als normal und zeigten damit eine mangelnde Persistenz ihrer Laktationskurve (Abb. 3.2).

Auf dem Auszug der MLP-Daten (Abb. 3.5) sind viele Tiere mit sehr niedrigen Fettwerten gekennzeichnet.

Abb. 3.5: Auszug aus der Milchkontrolle

	Zellen * 1000 Milch kg Fett % Eiweiß % FTM % Harnstoff	16.08.06	15.09.06	13.10.06	14.11.06	11.12.06	13.01.07	09.02.07	09.03.07		ECM (energiekorr. Milch) Neue Kontrolle	Letzte Kalbung Wieder besamt (Anz.Bes.) Bulle vsl. Kalbung Tage seit letzter Kalbung
Tier 1	Z	95	75	83			40	4007	118			05.01.07
	M	41,0	37,0	34,5	TRO	TRO	50,2	44,9	38,5		30,8	
	F	2,95	2,56	2,88			4,27	3,43	2,51			
	E	3,13	3,28	3,46			3,76	3,16	2,94			
	Ft	8,42	8,58	8,93			9,06	8,58	8,44			
	H	202	277 +	320			136	054	116			63
Tier 2	Z	203	237	404	266	410	581	713				05.01.06
	M	24,3	24,1	21,4	16,4	13,8	14,0	7,9	TRO			12.06.06
	F	4,14	4,83	4,36	4,82	4,85	4,54	4,70				(4)Jefferson
	E	3,37	3,64	3,66	3,74	3,78	3,77	4,39				20.03.07
	Ft	8,44	8,64	8,64	8,79	8,62	8,22	8,97				
	H	197 +	300 +	321	245	193	207	268				428
Tier 3	Z	132		14	3118	1504	231	424	131			02.10.06
	M	22,3	TRO	39,1	44,9	39,0	40,5	36,0	33,0		27,6	07.01.07
	F	4,18		5,36	2,99	3,27	2,52	2,28	2,34			(2)Doug s
	E	3,24		3,06	3,30	3,42	3,48	3,60	3,82			
	Ft	8,78		9,57	8,84	8,80	8,95	8,96	9,38			
	H	241		200	281	251	249	231	289			158
Tier 4	Z	130	122		63	266	236	546	484	4 !		30.10.06
	M	26,6	20,5	TRO	31,5	43,7	39,6	38,2	32,4		26,3	17.01.07
	F	4,24	3,86		3,54	2,33	3,12	3,08	2,19			(1)E il
	E	3,79	3,84		3,83	3,36	3,48	3,72	3,71			
	Ft	9,67	9,69		9,23	8,89	9,03	9,26	9,29			
	H	129	238		156	189	100	140	151			130
Tier 5	Z	84	81	77				234	844	2 !		10.01.07
	M	21,0	22,4	20,1	TRO	TRO	TRO	45,6	37,7		36,6	
	F	4,27	5,03	5,22				3,79	3,81			
	E	4,02	4,34	4,64				3,31	3,25			
	Ft	9,77	10,07	10,58				8,74	8,92			
	H	182	287 +	308				200	159			58
Tier 6	Z	175	86	94	93	145	80	197	205	4 !		21.12.05
	M	40,5	31,4	31,4	28,5	22,3	24,5	23,4	15,6		15,4	19.10.06
	F	4,28	3,04	3,56	3,69	4,73	2,83	4,26	3,58			(2)E nil
	E	3,59	3,81	3,89	3,97	3,94	3,51	4,04	3,91			
	Ft	8,89	9,26	9,31	9,36	9,17	8,85	9,28	9,18			
	H	244 +	356 +	346	258	247	236	236	216			443
Tier 7	Z	2856	128	199	110	172	693	249	332	4 !		10.08.06
	M	31,3	30,6	37,0	31,4	30,6	26,5	25,6	23,2		33,6	17.12.06
	F	4,39	2,89	2,16	2,61	2,99	2,69	2,42	3,17			(2)Fieldho se
	E	3,30	3,91	4,08	4,13	4,20	4,28	4,34	4,40			
	Ft	8,59	9,29	9,54	9,42	9,41	9,33	9,54	9,51			
	H	153	238 +	306	260	222	243	249	260			211
Tier 8	Z		38	14	12	38	20	32	27			10.09.06
	M	TRO	49,1	59,2	63,0	58,7	48,6	45,4	42,9		39,8	16.01.07
	F		4,22	4,42	2,35	2,84	3,37	2,27	3,34			(1)Carmano
	E		3,53	3,09	2,96	2,98	3,13	3,23	3,44			
	Ft		8,76	8,58	8,46	8,33	8,52	8,49	8,76			
	H		248	251	253	182	217	204	209			180
Tier 9	Z			31	16	28	39	35	59			23.09.06
	M	TRO	TRO	58,6	49,7	43,5	42,9	40,0	35,3		31,4	10.01.07
	F			3,35	3,49	4,00	3,38	3,65	3,14			(1)Jefferson
	E			3,84	3,88	3,96	3,13	3,29	3,23			
	Ft			8,37	8,36	8,36	8,57	8,79	8,70			
	H		+	347 +	310	255	277	260	235			167
Tier 10	Z		551	21	15	68	34	28	91			10.09.06
	M		24,3	35,0	41,7	43,9	40,8	39,5	38,2		33,6	25.11.06
	F	Färse	4,89	3,94	3,35	3,56	2,96	2,68	3,06			(1)Lou
	E		3,64	3,03	2,74	2,84	2,98	3,06	3,22			
	Ft		8,75	8,55	8,21	8,39	8,45	8,70	8,78			
	H	+	333	281 +	312	263	260 +	306	250			180

Z (Zellzahl), M (Milchmenge), F (Fett), E (Eiweiß), Ft (fettfreie Trockenmasse), H (Harnstoff)

Auffallend war zudem, dass vermehrt Tiere bereits mit einer sehr hohen Zellzahl in die Laktation starteten. Sechs „Millionärinnen" zeigten einen typischen Zellzahlverlauf für eine chronische Entzündung.

Fruchtbarkeitsdaten

Die Rastzeit wurde bei den Milchkühen bewusst verzögert (90–150 Tage), um die Milchleistung zum Trockenstellen herabzusenken. Mit einem Besamungsindex von 2 erreichte die Herde eine Zwischenkalbezeit von 434 Tagen.

Klauenpflege: Jungrinder nicht mit einbezogen

Die Klauenpflege der laktierenden Herde erfolgte zweimal im Jahr durch einen professionellen Klauenpfleger. Die Färsen vor der ersten Kalbung wurden dabei aber nicht mit einbezogen.

Betriebsrundgang

Haltung: unsaubere Liegeboxen

Die Milchkühe wurden in einem alten Laufstall mit 130 Tiefliegeboxen (70 laktierende Tiere = Tier/Liegeplatz-Verhältnis von fast 1 : 2!) und Spaltenboden gehalten. Durch die kontinuierliche Leistungssteigerung der Kühe, die aber insgesamt gleichgebliebene betriebliche Milchquote, war der Milchkuhbestand stetig verkleinert worden. Aufgrund dieser starken Unterbelegung herrschten im alten Stall einigermaßen gute Luftverhältnisse.

Das Tier/Fressplatz-Verhältnis betrug 1 : 1. Alle laktierenden Kühe befanden sich in einer Gruppe. Im Sommer erhielten die Tiere stundenweise Weidegang, hatten dabei aber jederzeit Zugang zum Futtertisch im Stall.

Viele Tiere nahmen die Liegeboxen nur zögerlich an oder gingen nicht vollständig hinein.

Die Nackenriegel waren zu weit hinten angebracht.

Im Stall sah man einige Kühe in den Liegenboxen stehen (häufig in sogenannter Hundestellung) oder sie legten sich auf die Kante. Das lag an dem zu weit hinten angebrachten Nackenriegel. Zudem waren die Tiefboxen nicht ausreichend eingestreut und daher schmutzig. So wiesen viele Kühe verschmutzte Flanken, einen schmutzigen Schwanzbereich und zum Teil auch schmutzige Euter auf.

Fachkommentar

„Tiefboxen an sich bieten gerade Hochleistungskühen einen idealen Liegekomfort. Das Wichtigste hierbei ist aber die Pflege/Sauberkeit. Ungepflegte Liegeboxen sind sonst eine Brutstätte für Umweltkeime."

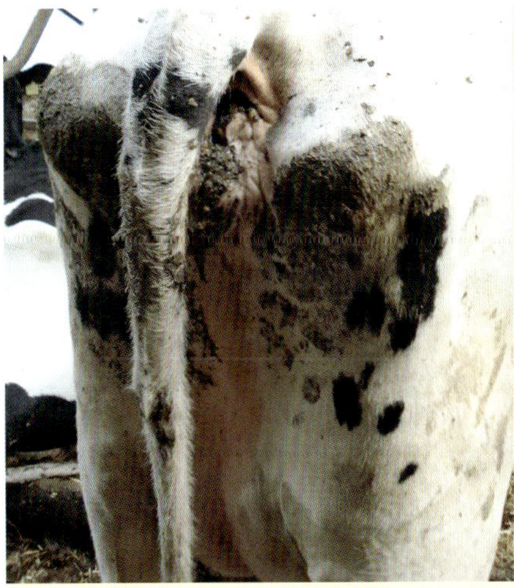

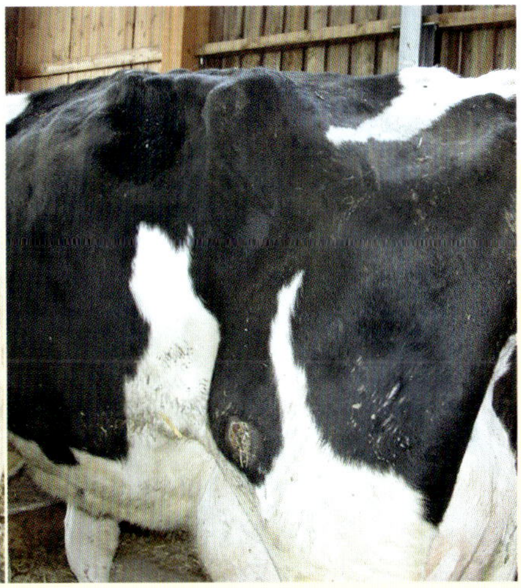

Durch eine unzureichende Pflege der Liegeboxen waren die Tiere besonders im hinteren Bereich oft stark verschmutzt. (li.)

Auffallend war auch das struppige, stumpfe Fell vieler Kühe. (re.)

Fütterung: kaum Struktur, aber viel Stärke

Gefüttert wurde eine maisbetonte Teil-Mischration. Die verfütterte Grassilage des 1. Schnittes war sehr jung und feucht (Trockenmassegehalt unter 30 %). Die Maissilage hatte eine gute Qualität.

Fachkommentar

„Die Wirkung eines Futtermittels auf das Wiederkauen des Tieres erfolgt nicht nur durch die chemische Zusammensetzung des Futters, sondern maßgeblich auch durch den physikalischen, sogenannten „Piekseffekt". Feuchtes, weiches Futter regt nicht so sehr zum Wiederkauen an wie trockenes, härteres Futter. Grundsätzlich verfügen trockene Grassilagen bei gleichem Rohfasergehalt i.d.TM über eine bessere Strukturwirkung als feuchte oder gar nasse Grassilagen. Diese Zusammenhänge nehmen besonders bei Rationen an der Grenze zur Azidose (maisbetonte Rationen mit einem hohen Kraftfutteranteil) an Bedeutung zu."

Rationsgestaltung: drei grundlegende Probleme

- zu wenig Struktur
- zu viel Kraftfutter je Mahlzeit
- zu viel Getreide im Kraftfutter

Die im vorliegenden Betrieb gefütterten Rationen können Tabelle 3.1 entnommen werden.

Tab. 3.1: Übersicht der gefütterten Rationen

Tiergruppe	Rationszusammensetzung	Rationseckparameter und „Kommentare"
Laktierende Kühe	3,6 kg TM Grassilage + 6,4 kg TM Maissilage + 0,3 kg Stroh + *6 kg Heu* lt. Aussage des Landwirts (ad libitum am Futtertischende vorgelegt ⇢ geschätzter Wert) + 3 kg Kraftfutter (24/4) + 0,25 kg Mineralfutter für Rinder	**NEL: 6,3 MJ/kg TM** XP: 13,2 % i.d.TM nXP: 137 g/kg TM XF: 21,4 % i.d.TM Zucker + Stärke: 19 % i.d.TM ➥ 26 kg Milch aus NEL ➥ 24 kg Milch aus nXP
	„Die Teil-Mischration hatte einen zu niedrigen XP- und nXP-Gehalt (zeigte sich auch anhand der niedrigen Milchharnstoffgehalte) und war energetisch und eiweißseitig nicht ausgeglichen. Die sehr hohe Mineralstoffversorgung bewirkte eine 200 %ige Bedarfsdeckung mit Mengen-, Spurenelementen und Vitaminen."	

Fortsetzung Tab. 3.1

Laktierende Kühe	+ leistungsabhängige Kraftfuttergabe (20/4)	bis zu 12 kg Kraftfutter/Tier und Tag in der Spitze; ausschließliche Gabe im Melkstand (6 kg Kraftfutter/Melkzeit); das Kraftfutter war sehr getreidereich
	„Diese hohe Menge Kraftfutter je Tier und Melkzeit bewirkte mit Sicherheit bei vielen Kühen und Färsen mindestens zweimal täglich eine massive Pansenazidose, zumal das Kraftfutter aus über 35 % Getreide bestand.“ Fachkommentar	
Früh-Trockensteher und Transitkühe (Anfütterung)	2,3 kg TM Grassilage + 4 kg TM Maissilage + 0,2 kg Stroh + *4 kg Heu* (ad libitum) + 2 kg Kraftfutter (24/4) + 0,16 kg Mineralfutter für Rinder	**NEL: 6,3 MJ/kg TM** XP: 13,2 % i.d.TM XF: 21,4 % i.d.TM
	„Alle trockenstehenden Tiere wurden in einer Gruppe gehalten und gleich gefüttert. Dadurch kam es zu einer starken energetischen Überversorgung der frühtrockenen Tiere und einer Mangelversorgung der Transitkühe. Die sehr hohe Mineralstoffversorgung bewirkte eine 200 %ige Bedarfsdeckung mit Mengen- (besonders Ca!), Spurenelementen und Vitaminen. Fachkommentar	
Jungrinder (ab 6 Monate)	50 % Grassilage + 50 % Maissilage (auf TM bezogen) + 1 kg Kraftfutter (24/4) + 0,10 kg Mineralfutter	NEL: 6,4 MJ/kg TM XP: 13,9 % i.d.TM XF: 20,3 % i.d.TM
	„Diese Ration war für die Jungrinder ab der Besamung viel zu energiereich, förderte damit ein Verfetten dieser Tiere und bewirkte schlechtere Trächtigkeitsergebnisse. Die sehr hohe Mineralstoffversorgung entsprach einer 200 %igen Bedarfsdeckung mit Mengen-, Spurenelementen und Vitaminen. Das war unnötig teuer.“ Fachkommentar	

Wasserversorgung: war in Ordnung

Die Tränkewasserversorgung war mit drei Trogtränken bei den laktierenden Kühen ausreichend.

Viertelgemelksproben: Umweltkeime führten zu schwer behandelbaren Mastitiden

Von sechs Tieren mit akuten Mastitissymptomen wurden Viertelgemelksproben im Labor untersucht. Bei vier Tieren mussten Bakterien nachgewiesen werden: Streptococcus uberis, KNS und E. Coli. Alle Erreger gehören zu der Gruppe der Umwelterreger. Drei Tiere konnten mit Antibiotika, die im Resistenztest ihre Wirksamkeit gezeigt hatten, nicht mehr zufrieden stellend behandelt werden. Sie gehörten inzwischen zu den chronisch infizierten Millionärinnen mit dauerhaft hohen Zellzahlen.

Fachkommentar

„Umwelterreger können besonders dann vermehrt zu Euterproblemen führen, wenn die Stoffwechselgesundheit der Tiere instabil und damit die körpereigene Abwehr beeinträchtigt ist. Diese Abwehrschwäche ist dafür verantwortlich, dass die im Labor wirksam getesteten Antibiotika nicht nachhaltig wirken. Dadurch kommt es vermehrt zu chronischen Infektionen (Millionärinnen), die auch ohne das Vorhandensein eines Erregers weiterbestehen und durch die geschwächte körpereigene Abwehr nicht eingedämmt werden können."

Körperkonditionsbeurteilung: viele unterkonditionierte Kühe zum Laktationsende

Die Körperkondition war bei den meisten laktierenden Kühen und Färsen im optimalen Bereich. Aber es fiel auf, dass zahlreiche Kühe zum Laktationsende hin eher unterkonditioniert waren (Abb. 3.6).

Abb. 3.6: Körperkondition der laktierenden Kühe und Färsen

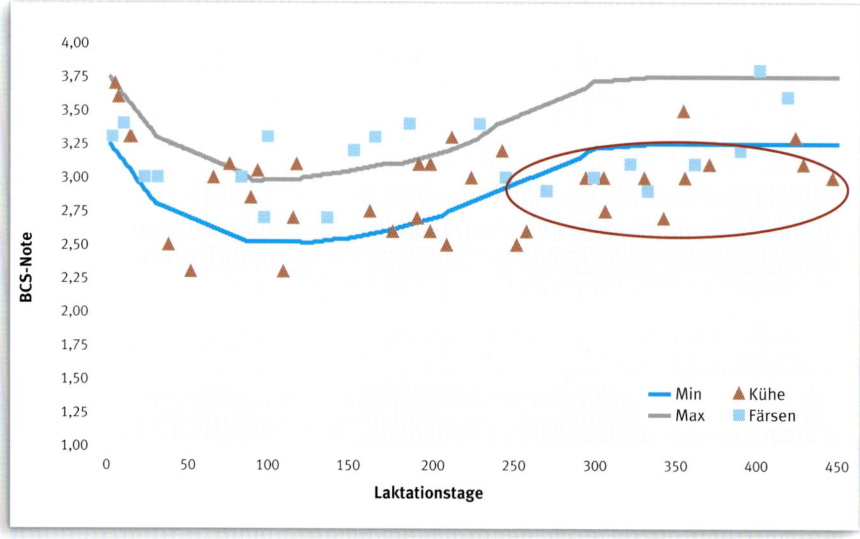

⇢ Zum Ende der Laktation waren viele Tiere unterkonditioniert.

Betriebsberatung

Problembeschreibung

Die Beurteilung der MLP-Daten wies auf eine azidotische Belastung der Herde hin. Der Milchfettgehalt sank innerhalb von zwei Monaten um 0,4 Prozentpunkte in der Anlieferungsmilch und der Fett/Eiweiß-Quotient tendierte gegen 1.

Da die typischen Symptome der Pansenazidose wie dünnflüssiger Kot (bei maisreichen Rationen zeigen die Kühe ohnehin einen eher festeren Kot, der ein Azidoseproblem schwer erkennen lässt) und Einbruch der Futteraufnahme nicht eingetreten waren, spricht man von einer subklinischen Azidose in der Herde. Die Folgen davon waren bereits sichtbar:

- langsamer Abfall der Herdenmilchleistung
- vermehrtes Auftreten schwer therapierbarer Umweltmastitiden
- Verschlechterung der Klauenhornqualität mit Zeichen von Rehe und nachfolgenden Sohlengeschwüren

Auslöser für diese azidotische Belastung war vor allem die zu hohe Kraftfuttergabe im Melkstand. Zudem war dieses Kraftfutter auch sehr getreidereich. Getreidestärke wird im Pansen der Kuh sehr schnell und umfangreich zu flüchtigen Fettsäuren abgebaut. So bewirkte die große Menge an getreidereichem Kraftfutter, die die Tiere je Melkzeit, also innerhalb sehr kurzer Zeit aufnahmen, unmittelbar danach einen schlagartigen Abfall des Pansen-pH-Wertes ins saure Milieu und löste somit zweimal täglich eine massive Azidose aus.

Diese Art der Kraftfutterzuteilung praktizierte der Landwirt bereits viele Jahre. Dennoch wurden die azidotischen Probleme erst in jüngster Zeit offensichtlich. Der Grund für dieses verspätete Auftreten dürfte auch mit dem Wechsel zu der sehr jungen und feuchten, also zudem noch strukturschwachen Grassilage zusammenhängen.

Da die vom Landwirt angenommene Heuaufnahme von 6 kg als unrealistisch hoch angesehen wurde, erfolgte eine Dokumentation der tatsächlich verbrauchten Heuballen. Diese ergab einen durchschnittlichen Heuverbrauch von 2 kg pro Tier und Tag. Das bedeutete, dass die tatsächliche Strukturversorgung der Tiere viel niedriger war als die nach der Rationsberechnung unterstellte Strukturwirkung.

Maßnahmen

Die Maßnahmen zur Lösung des Betriebsproblems zielten vor allem auf die Veränderung der Futterdarbietung ab.

Fütterung der laktierenden Kühe

- ☑ Je nach Leistung nur noch max. 7 kg (besser nur 5 kg) Kraftfutter im Melkstand, also max. 3,5 kg (besser 2,5 kg) Kraftfutter/Tier und Melkzeit füttern

- Das getreidereiche Kraftfutter für die Melkstandfütterung durch ein getreideärmeres Kraftfutter (~ 20 % Getreide) ersetzen
- Die über den Futtermischwagen verabreichte Kraftfuttermenge auf 6 kg steigern (Herdendurchschnittsleistung und Körperkondition der Tiere ließen dieses zu, ohne eine Verfettung befürchten zu müssen); dieses Kraftfutter darf getreidereicher sein, da es in Kombination mit dem Grundfutter aufgenommen wird.
- Eiweißversorgung der Teil-Mischration auf mindestens 15 % XP i.d.TM anheben
- Körperkondition der Tiere im Auge behalten, um die Reaktion der Tiere auf diese Rationsveränderung zu überprüfen
- Weiterhin Heu ad libitum anbieten, aber nur noch mit einer Heuaufnahme von 2 kg pro Tier und Tag rechnen; dafür in Kombination mit der feuchten Grassilage die Strohmenge über den Futtermischwagen auf 500–700 g anheben.

Fütterung der Trockensteher

- Rationsvorschlag für Früh-Trockensteher – bei Trennung der Früh-Trockensteher von den Transitkühen:

5 kg TM Grassilage	5,8 MJ NEL/kg TM
+ 4 kg TM Maissilage	12 % XP i.d.TM
+ 1,8 kg Stroh	25,8 % XF i.d.TM
+ 1,8 kg Heu	
+ 0,09 kg Trockenstehermineralfutter	

- Rationsvorschlag für Transitkühe – bei Trennung der Früh-Trockensteher von den Transitkühen:

➥ (veränderte) Teil-Mischration der laktierenden Tiere	6,6 MJ NEL/kg TM
	15 % XP i.d.TM
	21,3 % XF i.d.TM

- Rationsvorschlag für alle trockenstehenden Tiere – wenn keine Trennung der Früh-Trockensteher von den Transitkühen möglich ist:
  ➥ wie die oben aufgeführte Ration der Früh-Trockensteher

Fütterung der Jungrinder (ab ca. 9. Lebensmonat)

- Entspricht der Ration der Früh-Trockensteher; Jungrinderentwicklung mittels Maßband kontrollieren

Haltung

- Nackenriegel richtig einstellen
- Tiefboxen sauber halten; mindestens zweimal pro Woche, besser täglich nachstreuen

Klauenpflege

- In die regelmäßige professionelle Klauenpflege (zwei- bis dreimal pro Jahr) alle Jungrinder im letzten Vierteljahr vor der Kalbung einbeziehen

- ☑ Alle Tiere bekommen eine Klauenpflege zum Trockenstellen, damit sie in die schwierige Phase nach der Kalbung mit gesunden Klauen starten.

Eutergesundheit

- ☑ Weitere zytobakteriologische Untersuchung von Milchproben, um das Erregerspektrum im Auge zu behalten.

Landwirt: „*Ich hatte mir bislang über die zu große Kraftfuttermenge während der Melkzeit nie wirklich Sorgen gemacht, weil der Kraftfutterverbrauch meiner Herde insgesamt mit 260 g Kraftfutter/kg Milch sogar viel besser war als der meiner Berufskollegen. Deshalb kam mir auch nie der Gedanke, dass meine Tiere doch ein Azidoseproblem haben könnten. Jetzt füttere ich eine deutlich größere Kraftfuttermenge über den Mischwagen und habe damit die Kraftfutterportionen im Melkstand halbiert. Bei der Silagebereitung setze ich auch weiterhin auf einen frühen Schnitt. Aber ich passe auf, dass diese dann etwas stärker angewelkt sind, so dass ich dadurch nicht noch zusätzlich Strukturwirkung verliere.*“

Tierärztin: „*Die Eutergesundheit hat sich drei Monate nach der Umsetzung des Maßnahmenplanes verbessert. Zuerst konnte ich feststellen, dass Kühe mit klinischer Mastitis wieder besser auf die Antibiotikatherapie ansprachen. Außerdem ging die Zahl die klinischen Fälle zurück. Der Landwirt stellt mir jetzt viel seltener lahme Kühe mit Sohlengeschwüren vor. Auch hier hat sich die Situation verbessert.*

Fall 4

Subklinische Azidose

Niedrige Grundfutteraufnahme macht den Pansen sauer

Betriebssituation

Der Betrieb mit 56 Milchkühen liegt in Ostholstein. Kühe und Jungtiere wurden in fast komplett geschlossenen Ställen gehalten.

Landwirt: *„Ich bin mit der Milchleistung in meinem Betrieb nicht zufrieden. Die Leistung sinkt seit mehreren Monaten. Inzwischen liegt sie nur noch bei 6.000 kg pro Tier und Jahr. Außerdem habe ich in meiner Herde Klauenprobleme – das betrifft leider auch schon die Färsen. Ich hatte schon Tierärzte von der Universität hier. Die haben Klauenrehe festgestellt."*

Tierärztin: *„Das größte Problem in diesem Betrieb ist die schlechte Klauengesundheit: Viele Tiere zeigen typische Symptome einer Klauenrehe. Die schlechte Hornqualität führt dazu, dass sich Entzündungen an der Klauenlederhaut bilden, die manchmal eitrig werden und im Endstadium am Kronrand durchbrechen, wo sich der Eiter entleert. Solche Verläufe beobachte ich sogar schon bei den Erstkalbskühen. In der ganzen Herde findet man nicht ein Tier, das mit raumgreifenden Schritten läuft."*

In diesem Betrieb hatten sowohl Erstkalbskühe als auch die älteren Kühe Probleme mit der Klauengesundheit. (li.)

An dieser Hinterklaue geht der Defekt von der Klauensohle bis in die Wand. (re.)

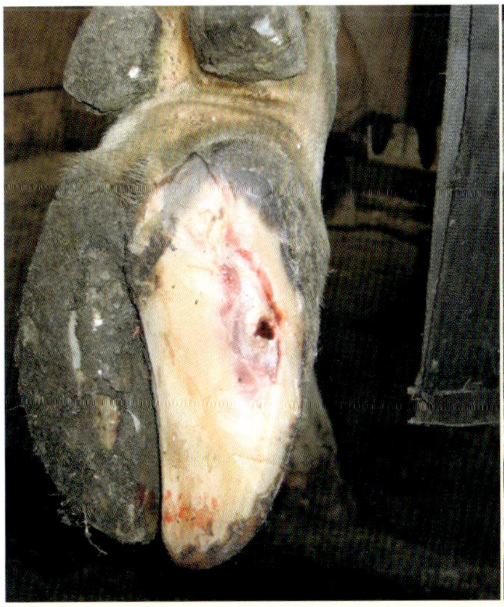

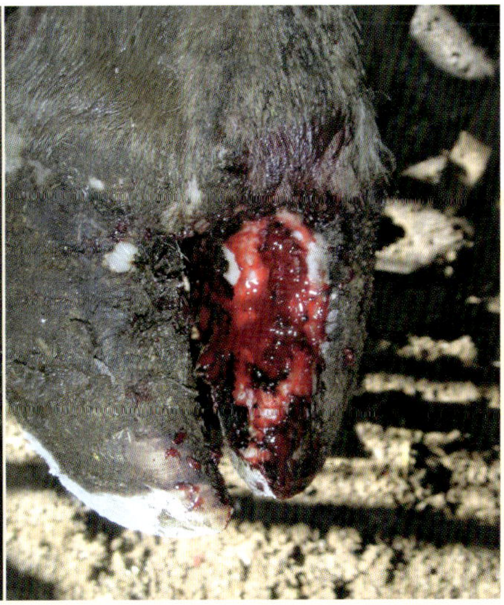

Die Tierärztin legte einen Wanddefekt frei. (Foto: Berchtold) (li.)

Eine eitrige Klauenlederhautentzündung bricht im Endstadium am Kronrand und am vorderen Klauenhorn blutig nach außen durch. (re.)

Betriebsdaten

Aktuelle Milchkontrolle: sehr niedrige Milchfettgehalte deuten auf Pansenazidose hin

Auffallend war der in Bezug zur niedrigen Milchleistung niedrige Milchfettgehalt im Herdenmittel zum Zeitpunkt der Beratung. Ein Milchfettgehalt von unter 4 % muss in Kombination mit einer Tagesmilchleistung von weniger als 20 kg als unphysiologisch niedrig angesehen werden und liefert zumindest einen ersten Anhaltspunkt für eine eventuell azidotische Stoffwechsellage.

Anhand der grafischen Auswertung zeigten sich zahlreiche Tiere mit einem Fettgehalt unter 3,6 % (Abb. 4.1.). Auch der Fett/Eiweiß-Quotient war im Mittel mit 1,1 viel zu niedrig. Viele Tiere wiesen, besonders zwischen dem 100. und 200. Laktationstag, sogar einen Fett/Eiweiß-Quotienten unter 1 auf. Dieses waren erste Hinweise auf das Vorliegen von Pansenazidosen in der Herde.

Abb. 4.1: Milchfett- und Eiweißgehalt sowie Fett/Eiweiß-Quotient

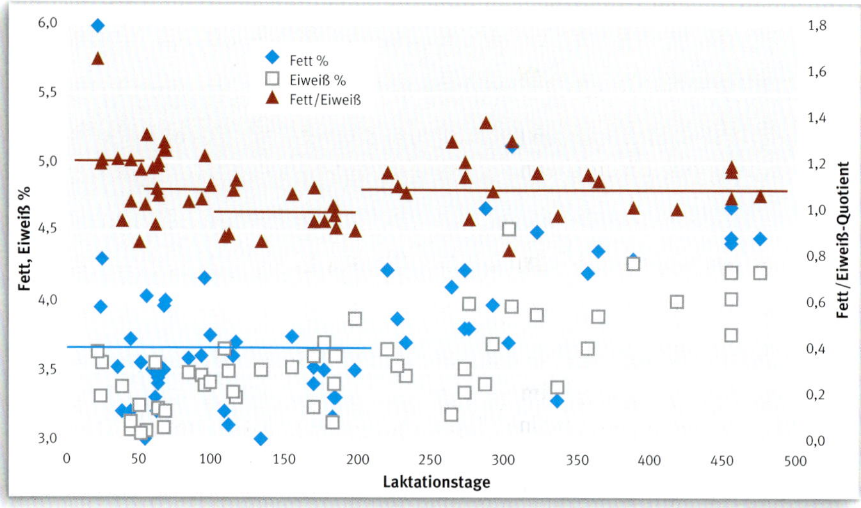

Die Laktationskurve zeigte darüber hinaus eine sehr schlechte Persistenz bei den Kühen und Färsen (Abb. 4.2). Besonders auffallend war der regelrechte Leistungseinbruch ab dem 250. Laktationstag.

Abb. 4.2: Milchmenge im Laktationsverlauf

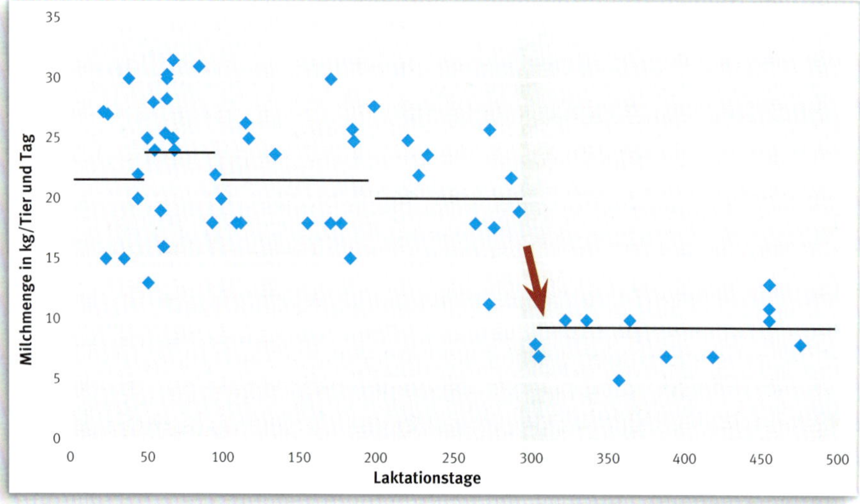

Fruchtbarkeit: letzte Hilfe wird vom Deckbullen erwartet

In der Vergangenheit schwankte die Rastzeit zwischen 80 und 120 Tagen sehr stark. Mit einem Besamungsindex von 2,2 erreichte die Herde eine Zwischenkalbezeit von 415 Tagen. Das ist bei der geringen Milchleistung deutlich zu lang. Aufgrund dieser schlechten Trächtigkeitsergebnisse stellte der Landwirt bei den laktierenden Kühen ein Jahr zuvor wieder auf den Deckbulleneinsatz um.

Klauenpflege: nur bei laktierenden Kühen

Die Klauenpflege der laktierenden Herde erfolgte durch den Betriebsleiter nach Bedarf. Die Jungrinder wurden dabei aber nicht miteinbezogen.

Betriebsrundgang

Haltung

Milchkuhstall: schlechtes Klima und kein Liegekomfort

Die laktierende Herde wurde in einem alten, rundherum geschlossenen Boxenlaufstall gehalten. Im Stall war es dunkel und die Luft sehr schlecht. Eine Luftbewegung war kaum spürbar. Die einzige Luftzufuhr kam über die geöffnete Futtertischtür. Die Luft konnte lediglich durch einen schmalen First entweichen.

Nur durch die Futtertischtür konnte Luft in den Stall gelangen. (li.)

Im Stall herrschten schlechte Licht- und Luftverhältnisse – kein Wohlfühlklima für die Tiere. (re.)

Die Hochboxen waren mit einer alten, dünnen und damit sehr harten Gummimatte ausgestattet, die sich stellenweise schon löste. Auf der einen Stallseite waren die Liegeboxen zu kurz, so dass sich die Tiere nur widerwillig hinlegten. Während des dreistündigen Betriebsbesuches waren von den 50 Liegeboxen lediglich 7 belegt.

10 Tiere wurden beobachtet, die über eine halbe Stunde in der Liegebox standen, bevor sie sich hinlegten. Das Aufstehen wurde dadurch erschwert, dass kein genügender Freiraum im Kopfbereich zur Verfügung stand. Die Tiere mussten zwangsläufig viel stehen. Das bedeutete eine extreme Belastung für die Klauen.

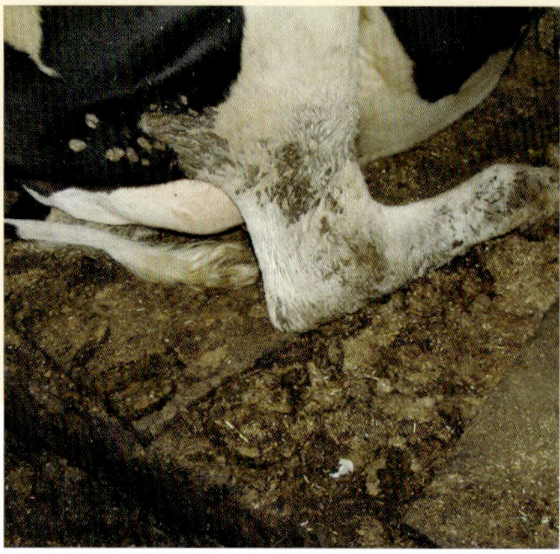
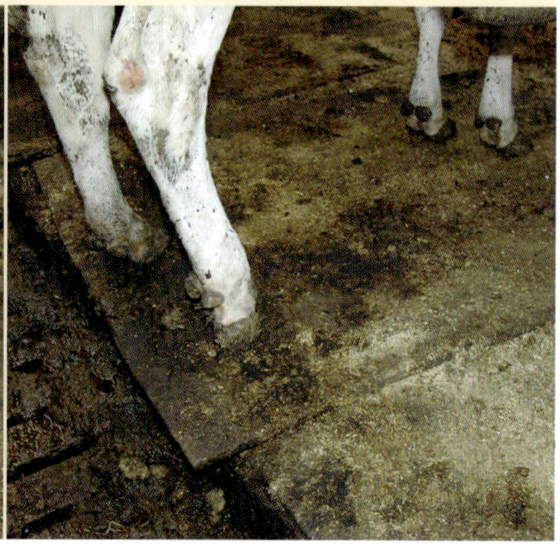

Der Liegekomfort in den Boxen ließ stark zu wünschen übrig. (li.)

Sehr lange Stehzeiten in den Boxen führten zu einer starken Klauenbelastung. (re.)

Der Spaltenboden war sehr schmutzig und feucht, der Kot der Tiere allgemein sehr weich bis sogar dünnflüssig. Dies erhärtete den Verdacht auf eine Azidose.

Insgesamt zeigten die Tiere kein gutes Erscheinungsbild: Sie waren fast alle sehr schmutzig, hatten struppiges Fell und viele hatten matte und müde Augen. Sie bewegten sich eher schwerfällig durch den Stall und waren nur selten beim Grundfutter am Futtertisch zu finden. Die Kraftfutterautomaten dagegen waren ständig belegt.

Weicher bis dünnflüssiger Kot kann auf eine azidotische Stoffwechsellage hiweisen. (li.)

Die Oberfläche des Futtertisches – es war ein Stichfuttertisch – bestand aus rauem Beton, der nur schwer zu reinigen war. (re.)

Jungviehstall: grundsätzlich in Ordnung

Die Jungtiere wurden in zwei Gruppen in einem Tretmiststall gehalten: Gruppe 1 bis zum ersten Lebensjahr, Gruppe 2 im zweiten Lebensjahr. Bei den größeren Jungrindern lief grundsätzlich der Deckbulle mit. Diese Tiere sahen im Gegensatz zu den Kühen gut aus. Sie hatten ein glattes Fell, waren sauber und optimal konditioniert.

Die Jungtiere im Tretmiststall machten einen guten Eindruck.

Trockenstehermanagement

Die Früh-Trockensteher waren ebenfalls in dem Tretmiststall untergebracht und wurden 14 Tage vor der Kalbung wieder in die Milchviehherde eingestallt. Die hochtragenden Färsen hatten im Sommer Weidegang, im Winter wurden sie sechs bis acht Wochen vor der Kalbung in die Milchkuhherde eingruppiert.

Abkalbebox: Missbrauch als Krankenbox

Die Abkalbebox diente gleichzeitig als Krankenbox und hauptsächlich als „Auffanglager" für die zahlreichen hochgradig lahmen Tiere mit eitrigen Klauenentzündungen.

Lahme Kühe wurden ebenfalls in der Abkalbebox aufgestellt.

Fütterung: energiereiches Saftfutter und zuviel Kraftfutter

Milchkühe: zu geringe Grundfutteraufnahme

Das Grundfutter bestand ausschließlich aus Grassilage, die, sehr stark angewelkt, in Rundballen gepresst war. Täglich wurden für alle Tiere im Milchkuhstall zwei Rundballen auf den Futtertisch gestellt und von Hand verteilt. Sensorisch war die Silage unauffällig.
Bei einem Gewicht der Rundballen von ca. 500 kg ergab sich über diesen Verbrauch eine tägliche Aufnahme an Grassilage von ca. 16 kg Frischmasse pro Tier.

Zusätzlich wurde feuchter Zitrustrester (Pomosin) zur freien Verfügung am Anfang des Futtertisches angeboten. Dieses Futtermittel zeichnet sich durch einen hohen Energiegehalt (ca. 7 MJ NEL/kg TM) aus und ist sehr feucht. Es ist, vorausgesetzt es wird möglichst wöchentlich frisch angeliefert, aromatisch und wird gerne von den Tieren gefressen. Aber es besitzt so gut wie keine Struktur und kann demnach auch nicht als Grundfutter gezählt werden.

Da neben der Grassilage kein weiteres Grundfutter eingesetzt wurde, hatten die Tiere also nur eine Grundfutteraufnahme von 8–9 kg TM. Eine Milchkuh müsste aber täglich mindestens 12–14 kg TM aus dem Grundfutter aufnehmen. Ansonsten kann eine Pansenübersäuerung drohen.

Die Kraftfuttergabe erfolgte ausschließlich an vier Kraftfutterstationen. Die maximal zugeteilte Kraftfuttermenge betrug 10 kg pro Kuh und Tag. Die höchsten Tagesmilchleistungen in dieser Herde lagen jedoch nur bei 32 kg, so dass die eingesetzte Kraftfuttermenge in keinem vernünftigen Verhältnis zur Leistung stand.

Auffallend war zudem, dass während der dreistündigen Beratung nur drei wiederkauende Tiere gesehen wurden.

Transitkühe: zu schnell zuviel Kraftfutter

Die Kühe bekamen zwei Wochen und die hochtragenden Färsen sechs bis acht Wochen vor der Kalbung die Ration der laktierenden Herde, d.h. Grassilage und Pomosin ad libitum. Darüber hinaus hatten die Färsen bis zur Kalbung Anrecht auf 1 kg Kraftfutter am Automaten, die älteren Kühe auf 2 kg.
Am Tag der Kalbung wurde die Kraftfuttermenge dann für alle Tiere auf 5 kg erhöht. Spätestens nach 14 Tage p.p. wurde die maximale Kraftfuttermenge von 10 kg erreicht. Dieses Vorgehen verstärkte zusätzlich zu der schon geringen Versorgung mit Struktur die Gefahr einer Pansenazidose.

Trockensteher: zu energiereich versorgt

Die Früh-Trockensteher erhielten eine Grassilage des Folgeschnitts (Rundballen, gute sensorische Qualität) und ebenfalls wieder Pomosin zur freien Aufnahme. Da die Tiere den Zitrustrester gerne und daher viel davon fraßen, nahmen sie dadurch deutlich mehr Energie auf als bedarfsgerecht gewesen wäre.

Jungrinder: trotz Gruppenhaltung gleiche Ration für alle

Auch bei den Jungtieren kamen Grassilage und Pomosin zum Einsatz – für die Tiere im ersten und zweiten Aufzuchtjahr gleichermaßen. Zusätzlich erhielt jedes Tier im Durchschnitt täglich noch 1 kg Kraftfutter. Die Mineralstoffversorgung erfolgte über Lecksteine.

Diagnostik

NSBA-Bestimmung

Zur Bestätigung der Verdachtsdiagnose Pansenazidose wurden von 10 Tieren Harnproben gewonnen und auf die NSBA untersucht. Bei sieben Tieren lag die NSBA unter 50 mmol/l. Dieses bestätigte neben allen anderen Fütterungskontrollparametern den Verdacht einer Pansenübersäuerung.

Fachkommentar

„NSBA bedeutet Netto-Säure-Basen-Ausscheidung. Diese zeigt das Verhältnis von ausgeschiedenen Säuren zu Basen an.
Dazu wird den Tieren (nicht offensichtlich kranke Tiere auswählen!) Harn entnommen. Das ist einfach und ohne Katheter möglich. Die Kuh wird, möglichst nachdem sie gelegen hatte, unmittelbar unterhalb der Scheide mit leicht kreisenden Bewegungen der flachen Hand stimuliert. Die Tiere empfinden dies als angenehm und setzen spontan Harn ab.
NSBA-Werte zwischen 100 und 200 mmol/l gelten für laktierende Kühe als physiologisch. Werte unter 80 deuten auf eine subklinische Pansenazidose hin, Werte unter 0 auf eine klinische Azidose."

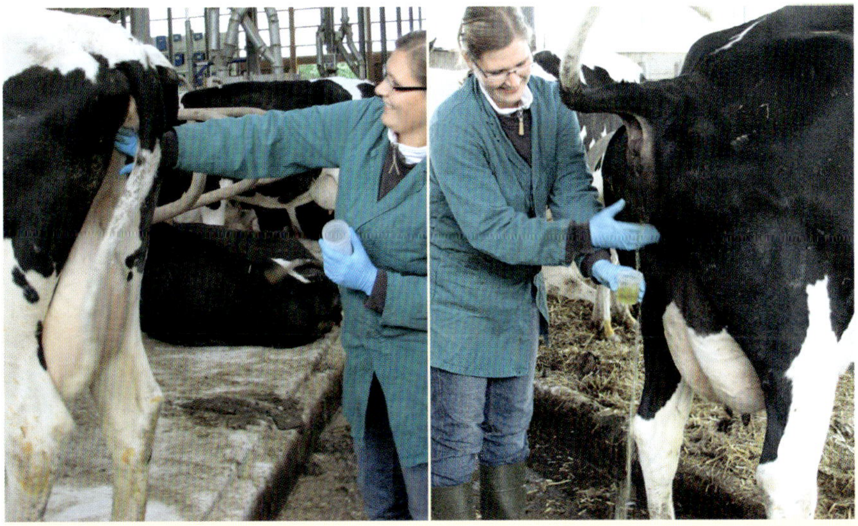

Die Entnahme von Harnproben ist relativ einfach.

Problembeschreibung

In diesem Betrieb sank die Milchleistung monatelang kontinuierlich und die Klauengesundheit war sehr schlecht. Viele Tiere hatten Probleme mit Rehe oder Entzündungen der Klauenlederhaut und gingen lahm. Aus diesen Gründen war die Fruchtbarkeitsleistung der Kühe sehr schlecht. Dem begegnete der Landwirt mit dem Einsatz eines Deckbullens, was aber ebenfalls wenig erfolgreich war.
Zahlreiche Befunde wiesen auf das Vorhandensein einer Pansenazidose als Ursache für diese Probleme hin. Dazu gehörten:

- niedrige Milchfettgehalte
- ein Milchfett/Eiweiß-Quotient unter 1 bei vielen Tieren
- kaum Wiederkauen
- mangelhafte Grundfutteraufnahme
- dünner Kot
- unsicherer Gang der Tiere
- niedrige NSBA-Werte

Maßnahmen

Im Folgenden werden alle Maßnahmen aufgelistet, die zu einer Verbesserung der Betriebssituation führen sollten.

Futteraufnahme erhöhen

- Pomosin darf den Tieren nicht zur freien Verfügung stehen, da sie ansonsten zuviel davon fressen und dann zu wenig strukturreicheres Grundfutter aufnehmen. Je Tier und Tag dürfen dann max. 2 kg TM (ca. 16 kg Frischmasse) solch eines feuchten, strukturschwachen Futters gefüttert werden, wenn es gleichmäßig über den Tag verteilt angeboten wird. Gleiches gilt auch für alle anderen strukturschwachen Saftfuttermittel, wie z. B. Pressschnitzel oder Biertreber. Ist kein Futtermisch- oder Futterverteilwagen vorhanden, sollten solche Futtermittel immer mehrmals täglich nach dem Strukturfutter verabreicht werden.
- Es muss eine Grundfutteraufnahme von durchschnittlich 13–15 kg TM/Tier und Tag erreicht werden. Wenn kein Futtermischwagen vorhanden ist, kann man sich zumindest – wie in diesem Betrieb – einen Überblick darüber verschaffen, wenn die Anzahl der Grassilageballen, die täglich oder wöchentlich verfüttert werden, genau notiert und die Ballen regelmäßig gewogen werden.
- Die Kraftfuttermenge der Transitkühe kann auf bis 2–3 kg zum Zeitpunkt der Kalbung gesteigert werden. Am Tag der Kalbung jedoch sollte die Kraftfuttermenge nicht auf 5 kg angehoben werden, sondern allenfalls 3–4 kg betragen. Bei der weiteren Kraftfutteranfütterung ist besonders das individuelle Fress- und Wiederkauverhalten der Tiere zu beobachten (Faustzahl: Steigerung um 2 kg/Woche).

- ☑ Hochtragende Färsen sollten maximal zwei bis drei Wochen vor der Kalbung bereits mit Kraftfutter angefüttert werden; dritte Woche vor der Kalbung: bis 1 kg, zweite Woche vor der Kalbung: 2 kg, eine Woche vor der Kalbung: 3 kg
- ☑ Futtertischsanierung, z. B. mit Epoxydharz, um als Voraussetzung für eine bestmögliche Reinigung eine glatte Oberfläche herzustellen

Haltung

- ☑ Im Milchkuhstall die Liegeboxengestaltung verbessern: Boxen verlängern, Komfortliegematte einbauen, besser einstreuen
- ☑ Licht- und Luftverhältnisse im Milchkuhstall verbessern: Seiten vollständig öffnen
- ☑ Separate Abkalbebox einrichten und regelmäßig reinigen

Klauenpflege

- ☑ Regelmäßige Klauenpflege: am besten einem professionellen Klauenpfleger überlassen; Jungrinder mit einbeziehen, zumal diese unter anderen Haltungsbedingungen (Tiefstreu ⇢ anderes Klauenwachstum als auf festem Boden) aufwachsen als die laktierenden Kühe

LANDWIRT: *„Ich dachte immer, dass die Probleme, die ich im Milchkuhbereich habe, mit den Jungtieren zusammenhängen. Die Beraterin konnte mir aber deutlich machen, dass die Ursache für die schlechte Leistung und Fruchtbarkeit sowie für die Klauengesundheitsprobleme bei den Kühen selbst lag, nämlich durch die Pansenazidosen. Und ich habe gesehen, wie vielfältig dieses Problem ist. Es spielt hier nicht nur die Fütterung, sondern auch das Wohlbefinden der Tiere eine große Rolle. Es ist leichter, in einem neuen Stall beste Haltungsbedingungen anzubieten. Bei diesen alten Ställen hingegen ist das deutlich schwerer."*

TIERÄRZTIN: *„In diesem Betrieb entspannte sich die Lage bereits, nachdem die Pomosinmenge rationiert und dafür mehr Grassilage angeboten wurde.*
Das Öffnen der Stallseiten hat das gesamte Stallklima unglaublich verbessert. Jetzt kann man hier wieder atmen.
Das Einrichten einer zweiten, separaten Bucht, die als Krankenbox genutzt wird, war mir eine Herzensangelegenheit. Jetzt können wir das ein oder andere Tier mit massiven Klauenproblemen auch mal ein paar Tage länger auf Stroh stellen. Das verkürzt die Zeit der Heilung ganz enorm.
Einmal im Monat schneide ich zusammen mit dem Landwirt die Klauen. In Zukunft wird er dies aber einem professionellen Klauenpfleger überlassen, da sich häufig die Betriebsleiter für solche Dinge kaum genügend Zeit nehmen.

Fall 5

Milchfieber

Der Anfang allen Übels

Subklinisches Milchfieber und Ketose: Ursache für Nachgeburtsverhaltungen, Gebärmutter- und Euterentzündungen sowie schlechte Fruchtbarkeit

Betriebssituation

Die laktierende Herde in dem Betrieb bestand aus 40 Tieren. Der Färsenanteil betrug weniger als 30 %. Die gleitende Herdendurchschnittsleistung betrug 9.700 kg Milch mit 4,5 % Fett und 3,39 % Eiweiß.

Landwirt: *„Wir haben hier ein massives Zellzahlproblem im Bestand. Die monatliche Zellzahl schwankt im Schnitt der Herde zwischen 300.000 und mehr als 500.000 Zellen/ml Milch. In der letzten LKV-Kontrolle waren es 380.000 Zellen/ml Milch, davor 574.000. Fast immer sind es die besten Kühe, die in den ersten Monaten nach der Kalbung betroffen sind. Auch viele Färsen starten schon mit hohen Zellzahlen in die Laktation."*

Tierärztin: *„Ich muss hier öfter Festlieger nach dem Kalben behandeln, aber das größte Problem sind die Puerperalstörungen: 50 % der Frischabkalber müssen wegen einer Nachgeburtsverhaltung und 70 % wegen einer Gebärmutterentzündung behandelt werden. Das betrifft vermehrt die älteren Kühe."*

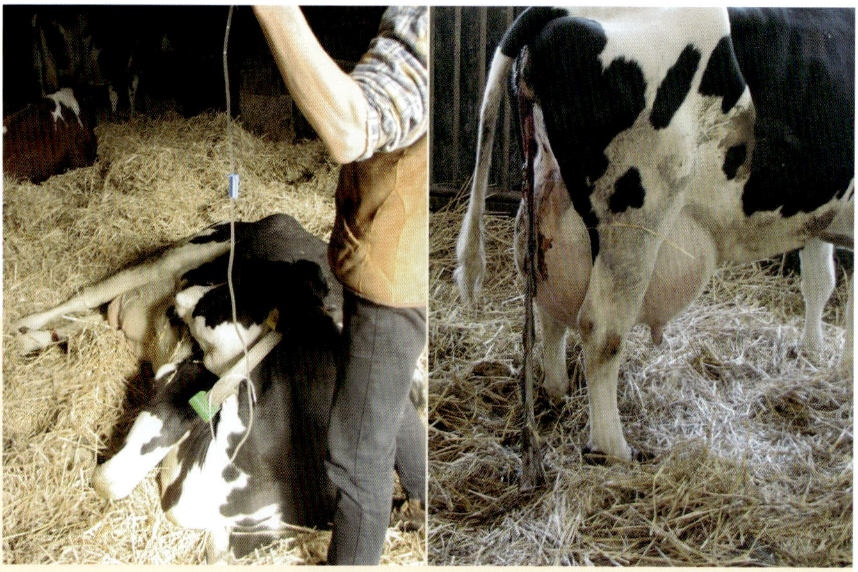

Festliegende Kuh mit Milchfieber (li.)

Jede zweite Frischkalbin zeigte eine Nachgeburtsverhaltung. (re.)

Betriebsdaten

Aktuelle Milchkontrolle: subklinische Ketose und Zellzahlprobleme

Die Milchkontrolldaten zum Zeitpunkt der Beratung bestätigten das vom Landwirt geschilderte Zellzahlproblem (Abb. 5.1). Seit mehr als sechs Monaten lag die durchschnittliche Zellzahl immer über 300.000 Zellen/ml Milch. Zum Vormonat hin hatte sich das Problem weiter zugespitzt und der mittlere Zellgehalt in der Herde den Grenzwert für abzuliefernde Milch von 400.000 Zellen überschritten. 40 % aller Tiere zeigten Zellgehalte über 200.000 Zellen/ml. Dramatisch war die Situation auch bei den Färsen. Hier wiesen sogar mehr als die Hälfte eine Zellzahl über 200.000 auf.

Abb. 5.1

1. Ergebnisse der Milchleistungsprüfung

Tage im Prüfungsjahr		Prüfungstag (PT)	Prüfungszeitraum in Tagen bis PT	nach PT	Gesamt	
-	vorheriger	27.04.07	16,0	16,5	32,5	(endgültig)
242	aktueller	**30.05.07**	16,5	?	16,5	(vorläufig)

Leistung am Prüfungstag je Kuh

	Kühe gesamt	Kühe in Milch	Milch kg gesamt	Milch kg gemolken	Fett %	Eiweiß %	FFTM %	Anz.Kühe > 200 Tsd.Zellen	Zellzahl Herde	Milch kg
	40	40	29,3	29,3	4,07	3,52	9,04	16	380	1173
Vormonat	43	43	29,4	29,4	4,56	3,47	8,92	16	574	1266
Vorjahresm.	39	39	30,0	30,8	4,31	3,51	9,01	7	266	1202

Gleitender Herdendurchschnitt

	Kontr.vom	Kühe	Milch kg	Fett %	Fett kg	Eiw. %	Eiw. kg
	30.05.07	**43**	**9685**	**4,50**	**436**	**3,39**	**329**
	27.04.07	43	9717	4,50	438	3,39	330
zum Vergleich:	15.05.06	43	9391	4,32	405	3,37	316
Herdenleistung seit Beginn des Prüfungsjahres							
		44	7146	4,31	308	3,40	243

Dabei zeigte sich das Zellzahlproblem besonders deutlich in der Früh- bzw. zu Beginn der Hochlaktation. Hier startete jede zweite Färse mit hohen Zellzahlen oder auch mit Mastitissymptomen in die Laktation. Bei den Kühen waren 30 % der Herde betroffen.

Weiterhin fielen zahlreiche Tiere (z.B. Tier 1, 2, 4, 5, 6, 7, 9, 11) auf, die bei der ersten Milchkontrolle nach der Kalbung ein sehr weites Fett/Eiweiß-Verhältnis (über 1,5) in der Milch zeigten (Abb. 5.2). Das kann als Hinweis für eine ketotische Stoffwechselbelastung der Tiere gedeutet werden.

Abb. 5.2

Ergebnisse an den Kontrolltagen:

	Zellen * 1000 Milch kg Fett % Eiweiß % FfTM % Harnstoff	16.08.06	19.09.06	24.10.06	21.11.06	19.12.06	22.01.07	27.02.07	26.03.07	ECM (energiekorr. Milch) Neue Kontrolle
Tier 1	Z		41	32	26	49	27	42	89	
	M	TRO	34,4	35,2	36,0	34,8	33,6	29,0	22,2	22,8
	F		6,36	3,37	3,83	5,27	3,66	3,63	4,29	
	E		3,15	2,87	3,23	3,24	3,46	3,27	3,31	
	Ft		8,38	8,40	8,63	8,48	8,85	8,60	8,66	
	H		264	209	232	200	259	242	166	
Tier 2	Z		315	533	878	2921	1014	252	135	
	M	TRO	27,8	41,8	44,0	36,6	34,5	26,3	23,8	24,2
	F		7,19	3,53	4,13	5,38	4,95	4,48	4,11	
	E		3,31	2,99	3,56	3,26	3,45	3,57	3,42	
	Ft		8,37	8,36	9,06	8,41	8,72	8,80	8,63	
	H		157	174	165	143	185	227	122	
Tier 3	Z			16	9063	1975	247	53	49	
	M	TRO	TRO	45,6	33,4	36,2	32,6	33,6	28,0	28,8
	F			3,96	4,76	4,15	4,32	4,72	4,16	
	E			3,14	3,24	3,75	3,60	3,53	3,51	
	Ft			8,70	8,19	9,10	9,03	8,95	8,96	
	H			231	154	259	229	265	160	
Tier 4	Z			47	25	2971	134	66	36	
	M	TRO	TRO	51,2	56,2	34,6	37,2	34,2	28,6	34,4
	F			5,03	4,69	5,99	5,04	5,21	5,55	
	E			2,82	3,05	3,63	3,58	3,75	3,74	
	Ft			8,20	8,65	8,76	9,06	· 9,23	9,20	
	H			191	247	136	202	240	105	
Tier 5	Z		199	324	84	2301	217	8221	94	
	M	TRO	42,6	30,6	40,5	32,2	32,4	31,0	27,0	28,6
	F		7,21	3,37	3,96	4,41	3,92	4,98	4,38	
	E		3,06	3,23	3,36	3,88	3,56	3,54	3,64	
	Ft		8,48	8,87	9,04	9,22	9,16	8,82	9,29	
	H		251	216	196	204	248	190	139	
Tier 6	Z	61			28	06	20	65	57	
	M	22,8	TRO	TRO	32,4	44,6	38,4	35,8	27,2	28,6
	F	6,38			6,49	3,72	4,26	4,42	4,42	
	E	3,54			3,21	2,84	3.19	3,40	3,40	
	Ft	9,04			8,41	8,49	8,77	8,87	8;79	
	H	296			128	246	218	246	122	
Tier 7	Z	149	372						80	
	M	24,4	22,0	TRO	TRO	TRO	TRO	TRO	27,6	32,6
	F	4,57	5,96						5,65	
	E	3,43	3,63						3,21	
	Ft	8,61	8,61						8,31	
	H	+ 386	276						241	
Tier 8	Z			218	1006	1726	389	691	2320 6 !	
	M	TRO	TRO	22,9	37,8	33,6	33,2	29,2	26,8	25,9
	F			2,51	3,11	3,35	3,05	3,39	3,69	
	E			3.57	3,46	3.57	3.41	3.56	3,43	
	Ft			8,90	8,87	9,04	8,91	8,99	8,83	
	H			234	195	267	224	246	146	
Tier 9	Z		167	15	21	28	31	59	37	
	M	TRO	34,6	45,8	43,0	33,6	32,2	33,0	23,0	24,8
	F		7,77	3,25	4,40	3,88	3,98	4,51	4,41	
	E		3,15	3,31	3,50	3,63	3,67	3,83	3,84	
	Ft		8,42	9,03	9,28	9,37	9,33	9,36	9,44	
	H		101	286	241	291	231	248	175	
Tier 10	Z	662	554	862	418	2393			269 1 !	
	M	33,2	28,2	22,8	17,2	14,4	TRO	TRO	29,8	29,4
	F	5,07	6,19	5,11	5,18	4,96			4,13	
	E	3,38	3,49	4,05	4,34	4,39			2,92	
	Ft	8,33	8,50	9,40	9,76	9,55			8,24	
	H	+ 358	+ 391	291	235	249			088	
Tier 11	Z	339	311			1395	38	50	78	
	M	22,0	17,6	TRO	TRO	40,4	38,6	39,4	39,0	45,3
	F	4.12	3,71			5.38	2.99	3,21	5,45	
	E	3,59	3,71			3,04	3,28	3,35	3,28	
	Ft	9,00	9,05			8,53	8.97	8,94	8,84	
	H	+ 364	+ 357			186	290	+ 351	249	

Z (Zellzahl), M (Milchmenge), F (Fett), E (Eiweiß), Ft (fettfreie Trockenmasse), H (Harnstoff)

Aufgrund der Zellzahlproblematik wurden Viertelgemelksproben bakteriologisch untersucht. Das Ergebnis zeigte, dass es sich um ein Bestandsproblem mit ansteckenden Mastitiskeimen (v.a. Staph. aureus), aber auch mit Umweltkeimen (Strep. uberis) handelte. Die Gründe hierfür sind v.a. in einer mangelnden Melk- und Haltungshygiene sowie einer geschwächten Abwehr der Tiere (z.B. auch durch Stoffwechselbelastungen begünstigt) zu suchen.

„Eutererkrankungen werden durch ketotische Stoffwechselsituationen zu Laktationsbeginn begünstigt. Das liegt daran, dass Ketosekühe aufgrund ihrer meistens sehr schlechten Futteraufnahme und des damit einhergehenden massiven Energiemangels verstärkt Körperfett abbauen: Die dabei entstehenden freien Fettsäuren (NEFA) und Ketonkörper (ß-HBS) gelangen in die Blutbahn. Bei sehr intensivem Abbau von Körperfettreserven folgt eine massive Auffüllung der Leberzellen mit Fett (Fettlebersyndrom). Eine verfettete Leber kann ihrer Funktion als Entgiftungsorgan nicht mehr gerecht werden: die körpereigenen Abwehrkräfte nehmen ab und die Anfälligkeit der Tiere für Infektionen wie zum Beispiel Euterentzündungen nimmt zu."

Fachkommentar

Fruchtbarkeit: schlechte Besamungsergebnisse trotz guter Brunsten

Auffallend war die – trotz guter Brunstsymptome – mit 137 Tagen lange Zwischentragezeit der Tiere und der bei den Kühen mit 2,5 schlechte Besamungsindex. Ein wesentlicher Grund hierfür dürfte zum einen in der verbreiteten ketotischen Stoffwechsellage zu suchen sein, die ein vermehrtes Umrindern verursachte. Ein anderer Grund lag darin, dass viele Tiere selbst zur Besamung nicht sauber waren.

Betriebsrundgang

Haltung: erhebliche Klauenbelastungen durch lange Stehzeiten

Boxenlaufstall

Die Milchkuhherde wurde in einem alten, geschlossenen Drei-Reiher mit Spaltenboden gehalten. Die Hochboxen waren aus Beton. Sie wurden zwar täglich gereinigt, aber nur einmal wöchentlich im vorderen Bereich mit etwas Stroh eingestreut und gelegentlich gekalkt. Meistens mussten die Tiere auf blankem Boden liegen. Das ermöglichte keinen ausreichenden Liegekomfort.

Meistens war in den Liegeboxen nur der blanke Beton zu sehen.

Viele Tiere standen sehr lange in der so genannten „Hundestellung“ in den Boxen und zögerten das Ablegen hinaus. Die Tiere lagen zu wenig und standen zu viel. Das erklärte den müden, fußlahmen und ruhigen Eindruck der Tiere. Aufgrund der starken Belastung der Klauen und Gliedmaßen zeigten viele Tiere vermehrt Sohlengeschwüre. Fast alle Tiere hatten abgeschürfte, haarlose, geschwollene Sprunggelenke, einige sogar offene, eitrige Wunden an dieser Stelle.

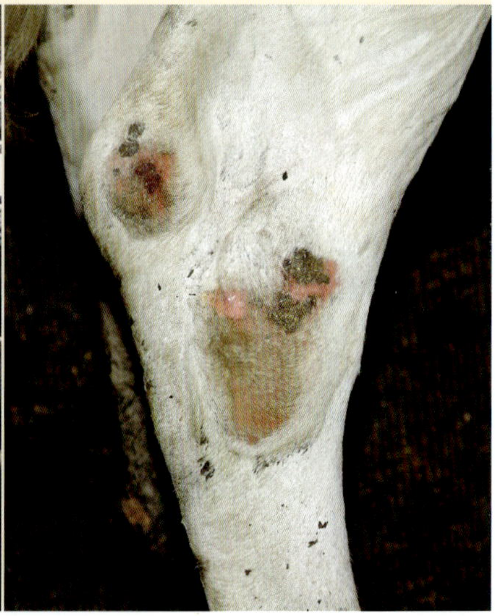

Viele Tiere zögerten das Hinlegen hinaus. (li.)

Beinahe alle Tiere zeigten abgeschürfte, haarlose, geschwollene Sprunggelenke, einige sogar offene, eitrige Wunden an dieser Stelle. (re.)

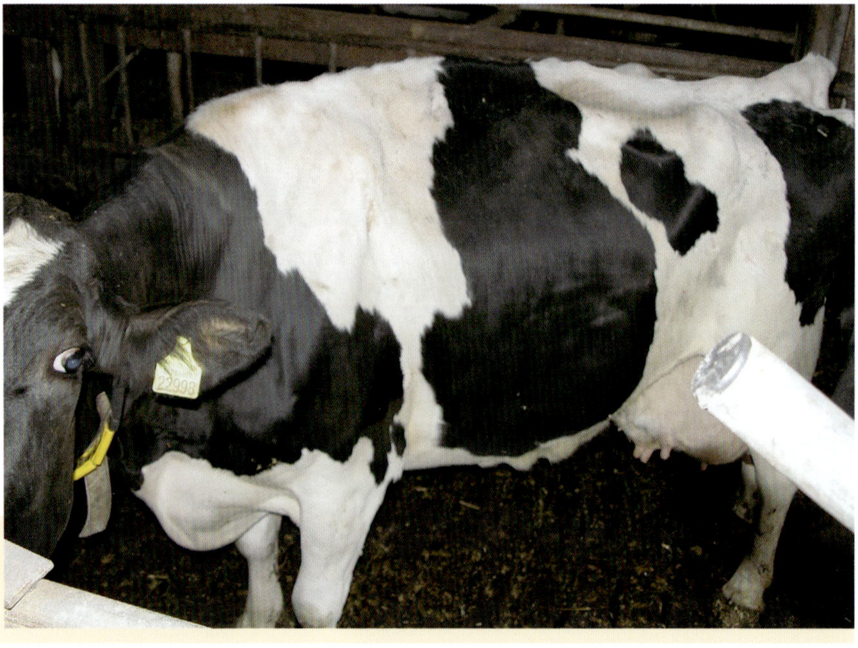

Ein gekrümmter Rücken weist auf eine hochgradige Lahmheit hin.

Wasserversorgung: unzureichend

Mit einer Trogtränke für 40 Kühe war eine bedarfsgerechte Wasserversorgung nicht gewährleistet.

Abkalbebox: heraushängende Nachgeburtsteile – ein Hygieneproblem für die Herde

Der Landwirt hatte eine Abkalbebox, konnte aber je nach Bedarf noch eine zweite ausrüsten. Hochtragende Tiere wurden bei einfallenden Beckenbändern in die Kalbebox gebracht und zur ersten Melkzeit nach dem Kalben sofort wieder in die Gruppe der laktierenden Kühe überführt.

Tiere, bei denen die Nachgeburt nicht innerhalb von 24 Stunden abging, wurden homöopathisch behandelt. Die Eihäute blieben dabei hängen.

Problematisch daran war zum einen die große Anzahl an Nachgeburtsverhaltungen (ca. 50 %), zum anderen, dass diese Tiere mit ihrer heraushängenden Nachgeburt ihre Keime quer durch die Stallbereiche der melkenden Herde streuten. Auf diesem Weg begünstigten sie zusätzlich Gebärmutterentzündungen anderer Frischabkalber (bei ca. 70 %) oder Euterentzündungen.

Ein Extra-Abteil, in dem man die Risikotiere im Auge hätte und ohne viel zusätzliche Arbeit täglich sieben Tage lang Fieber messen könnte, gab es nicht.

Nach vier Abkalbungen wurde die Kalbebox ausgemistet. Das war in Anbetracht der hohen Rate an Nachgeburtsverhaltungen zu selten.

Jungtieraufzucht: vernachlässigt und ohne Strategie

Die Kälber- und Jungrinderaufzucht erfolgte in einem dunklen, stickigen Altstall auf Vollspalten. Diese Tiergruppe wurde innerhalb des landwirtschaftlichen Betriebes etwas vernachlässigt. Eine systematische, zielgerichtete Jungtieraufzucht mit einem z. B. festgelegten Erstbesamungsgewicht war nicht erkennbar.

Kälber und Jungtiere erhielten in diesem Betrieb nur wenig Aufmerksamkeit.

Fütterung

Rationsgestaltung: Milchfiebergefahr erkennbar

Die im vorliegenden Betrieb gefütterten Rationen können Tabelle 5.1 entnommen werden.

Tab. 5.1: Übersicht der gefütterten Rationen

<table>
<tr><th>Tiergruppe</th><th>Rationszusammensetzung</th><th>Rationseckparameter und „Kommentare“</th></tr>
<tr><td>Laktierende Kühe</td><td>Teil-Mischration:
6 kg TM Grassilage 1. Schnitt
6 kg TM Maissilage
3 kg Sojaextraktionsschrot
220 g Mineralfutter für Rinder sowie Salzleckstein zur freien Aufnahme

Von Mai bis Oktober hatten die Tiere täglich 8 Stunden Zugang zur Weide (15 kg Weidegrasaufnahme angenommen)</td><td>Fütterung von Mai bis Oktober (Sommerration):
NEL: 6,7 MJ/kg TM
nXP: 157 g/kg TM
RNB: 75 g
XF: 19,1 % i.d.TM
Zucker + Stärke: 21 % i.d.TM

→ 25,1 kg Milch aus NEL
→ 27,1 kg Milch aus nXP
→ 40,3 kg Milch aus Ca

„Die Eiweißversorgung (XP, nXP, RNB) war mit 3 kg Sojaextraktionsschrot, vor allem im Sommer, zu hoch, da die Grassilage allgemein sehr eiweißreich war und das Weidegras zusätzlich ebenfalls viel Eiweiß lieferte. Weiterhin bestand eine Ca-Überversorgung.“</td></tr>
<tr><td></td><td>Milchleistungsfutter (18/4) nach Leistung an zwei Kraftfutterstationen (max. 10 kg).</td><td>„Die Eiweiß- und Ca-Überversorgung blieb auch bei maximaler Kraftfuttergabe bestehen.“</td></tr>
<tr><td>Trockensteher</td><td>Die Trockensteher waren bis einschließlich der Kalbung während der gesamten Vegetation auf der Weide.</td><td>Sommerration (je nach Zusammensetzung der Weide):
NEL: > 6 MJ/kg TM
XP: 160–180 g/kg TM
nXP: 140 g/kg TM
K: 30 g/kg TM
Ca: 5 g/kg TM
DCAB: ca. 360 meq/kg TM</td></tr>
<tr><td></td><td colspan="2">„Typisches Weidegras ist einerseits zu energie- und zu eiweißreich für Früh-Trockensteher und stellt damit keine optimale Versorgung dieser Tiere dar. Weiterhin ist Weidegras Ca-, vor allem aber zu K-reich und fördert somit das Auftreten von Milchfieber und in Folge dessen Nachgeburtsverhalten. Früh-Trockensteher sollten deshalb nur in Kombination mit einer energie- und eiweißarmen Zufütterung Zugang zur Weide haben oder auf gezielt ältere und bestenfalls ungedüngte Weideflächen getrieben werden. Außerdem ist besonders auf eine entsprechende Spurenelementversorgung der Weidetiere zu achten. Ohne ein Trockenstehermineralfutter wird der Bedarf dieser Tiere nicht gedeckt.“</td></tr>
</table>

Fortsetzung Tab. 5.1

Trockensteher	Im Winter bestand die Ration für Früh-Trockensteher aus: Grassilage, z. T. mit etwas Maissilage vermischt und 270 g Trockenstehermineral	**Winterration:** NEL: 6,1 MJ/kg TM XP: 176 g/kg TM nXP: 132 g/kg TM K: 30 g/kg TM Ca: 7 g/kg TM P: 5,5 g/kg TM DCAB: ca. 200 meq/kg TM
	„Die Winterration war ebenfalls zu energie- und eiweißreich und enthielt zu viel Mineralfutter. Die sehr hohe Ca- und P-Versorgung begünstigte Milchfiebererkrankungen."	
Transitkühe/ Anfütterung	Im Sommer waren die Transitkühe bis zur Kalbung auf der Weide und erhielten dort nur das Weidegras.	**Sommerration:** NEL: > 6 MJ/kg TM XP: 160–180 g/kg TM nXP: 140 g/kg TM K: 30 g/kg TM Ca: 5 g/kg TM DCAB: ca. 360 meq/kg TM
	„Das Weidefutter deckte zwar den Bedarf der Tiere an Energie ab, aber eine Anfütterung an die stärke- und kraftfutterreichere Ration, welche die Tiere nach der Kalbung erhielten, fand somit nicht statt. Weitaus problematischer aber war, dass Weidegras aufgrund der hohen K- und Ca-Gehalte in Kombination mit dem hohen Eiweißgehalt (wirkt ebenfalls im Organismus alkalisch) Milchfiebererkrankungen stark fördert. Zudem wurde ohne eine entsprechende Mineralfutterzufütterung auf der Weide der Spurenelementbedarf der Tiere nicht gedeckt, was zulasten der Abwehrkräfte ging und damit den Start in die Laktation zusätzlich erschwerte."	Fachkommentar
	Im Winter kamen die Transitkühe 14 Tage vor der Kalbung in die laktierende Herde und erhielten dort deren Teil-Mischration.	**Winterration:** NEL: 6,6 MJ/kg TM XP: 170 g/kg TM nXP: 156 g/kg TM K: 19,8 g/kg TM Ca: 6,4 g/kg TM DCAB: ca. 200 meq/kg TM
	„Energetisch deckte die Teil-Mischration im Winter den Bedarf der Transitkühe, auch wenn eine gewisse Eiweißüberversorgung bestehen blieb. Aber auch von der Winterstallration ging mit dem zu hohen K- und Ca-Gehalt und der hohen DCAB eine Milchfiebergefahr aus, wenn auch etwas geringer als mit der Sommerfütterung."	Fachkommentar
Jungrinder bis 10 Monate	Gras- und Maissilage (50:50 % bezogen auf die TM) + 1,5 kg Kraftfutter (18/3)	NEL: 6,65 MJ/kg TM XP: 146 g/kg TM
	„Ohne eine entsprechende Mineralfuttergabe (ca. 40 g/Tier und Tag) wird der Ca-, Vitamin- und Spurenelementbedarf der Tiere nicht ausreichend gedeckt."	
Jungrinder ab 11 Monate	Grassilage	
	„Die Energie- und Eiweißbedarfsdeckung ist bei diesen großen Jungrindern bei alleiniger Grassilagefütterung gegeben, die Spurenelement- und Vitaminversorgung ohne eine zusätzliche Mineralfuttergabe jedoch nicht."	

Silos zu groß und Silagen deshalb warm und teilweise verschimmelt

Sämtliche Gras- und Maissilos hatten für diese eher kleine Tierherde eine zu große Anschnittfläche, so dass bei jedem geöffneten Silo maximal ein Vorschub von 0,7 m pro Woche möglich war. Deshalb war auch die Maissilage besonders am Rand und den Oberflächen warm und verschimmelt.

„Auch wenn bei der Entnahme versucht wird, solche Partien großflächig zu entfernen, ist nicht auszuschließen, dass warme, schimmelige Partien dennoch verfüttert werden. Grundsätzlich wirken sich nacherwärmte/verschimmelte Silagen immer nachteilig auf die Futteraufnahme und damit auch auf den Stoffwechsel und ebenso auf die Eutergesundheit aus. Gerade umweltbedingte Mastitiden können dadurch begünstigt werden.“

Milchfieberrisiko mittels Harnproben überprüft

Die Milchfiebergefahr wird umso größer sein, je alkalischer der Stoffwechsel der Kuh vor der Kalbung ist. Zum Zeitpunkt der Beratung hatte der Landwirt zwei frühtrockenstehende Kühe und zwei Tiere, die innerhalb der nächsten 7–10 Tage kalben sollten.
Zur Überprüfung des Milchfieberrisikos wurden von diesen Tieren Harnproben genommen und die Netto-Säure-Basenausscheidung (NSBA) sowie die Kaliumausscheidung bestimmt (Tab. 5.2).

Tab. 5.2: Ergebnisse der Harnuntersuchung

Parameter	Tier Nr.			
	21	31	40	46
NSBA (mmol/l): erhöhtes Milchfieberrisiko bei Werten › 250	**270**	**280**	190	230
K (mmol/l): erhöhtes Milchfieberrisiko bei Werten › 300	**320**	**350**	280	300

Obwohl es sich nur um vier Tiere handelte, bestätigten sie das Risiko, zur Kalbung an Milchfieber zu erkranken.

Körperkondition: am Laktationsende eher unterkonditioniert

Die BCS-Auswertung der Milchkühe zeigte mehrere unterkonditionierte Tiere zum Ende der Laktation (Abb. 5.3). Das war möglicherweise die in Folge der schlechten Liegeboxengestaltung verursachte starke Belastung der Klauen und Gliedmaßen der Tiere. Mangelnde Klauen- und Gliedmaßengesundheit geht immer zulasten des Wohlbefindens der Tiere und folglich auch zulasten einer genügend hohen Futteraufnahme und -verwertung.

Abb. 5.3: Körperkonditionsbeurteilung der laktierenden Herde

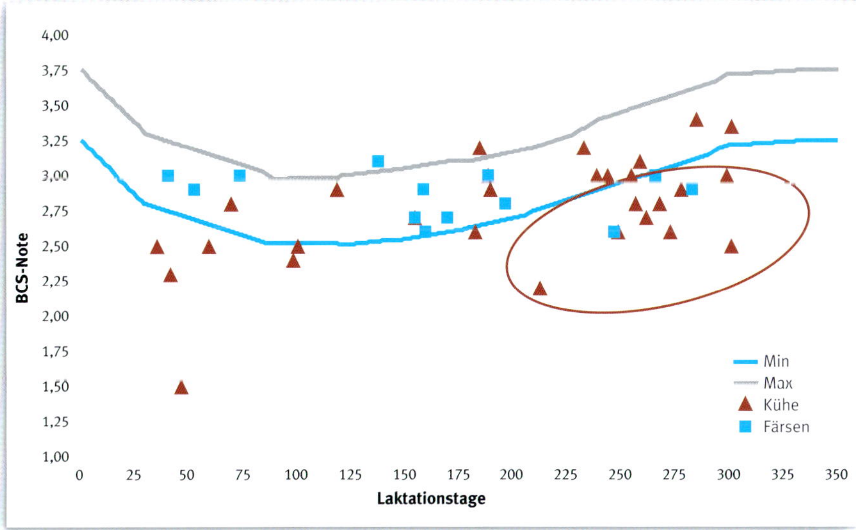

Betriebsberatung

Problembeschreibung

Seit längerer Zeit gab es im Betrieb Probleme mit der Eutergesundheit. Auffallend war auch der große Anteil an Färsen-Mastitiden.
Außerdem hatten zahlreiche Kühe und Färsen Puerperalstörungen. Bei 50 % der Frischabkalber blieb die Nachgeburt stehen und bei 70 % entwickelte sich eine Gebärmutterentzündung.

Die eigentlichen Ursachen für die breit gefächerten Störungen der Tiergesundheit waren in diesem Betrieb neben Haltungsfehlern besonders Fütterungsfehler, die das Auftreten von Milchfieber und in Folge dessen subklinische Ketosen begünstigen.

Maßnahmen

Im Folgenden werden alle Maßnahmen aufgelistet, die im Rahmen der Betriebsberatung zu einer Verbesserung der Situation führen sollten.

Fütterung

☑ Rationen verändern, um die Milchfiebergefahr zu reduzieren und die Abwehrkräfte der Tiere zu stärken.

Ist-Situation	Veränderungen	Grund für Veränderung
Laktierende Herde		
6 kg TM Grassilage 6 kg TM Maissilage 3 kg TM Weidegras 3 kg Sojaextraktionsschrot 150 g Mineralfutter 70 g Futterkalk	4 kg Grassilage 7 kg Maissilage 3 kg TM Weidegras 1 kg Sojaextraktionsschrot 1,5 kg Rapsextraktionsschrot 2 kg Milchleistungsfutter (18/3) 150 g Mineralfutter 40 g Futterkalk	• Eiweißüberversorgung reduziert: Sojamenge reduziert, dafür Raps hereingenommen; damit wird die DCAB und folglich die Milchfiebergefährdung durch diese Ration verringert (war wichtig, da die Transitkühe dieselbe Ration erhalten) • Maissilageanteil etwas erhöht, Grassilagemenge etwas verringert, um die DCAB und damit Milchfiebergefahr weiter zu senken • Ration mit 2 kg Kraftfutter weiter aufwerten, um die Kraftfuttermenge am Automaten zu reduzieren (die Körperkondition der Tiere ließ dieses zu)
Transitkühe		
Sommer: nur Weidegras Winter: Ca-, K- und eiweißreiche Ration der laktierenden Kühe	Ganzjährig im Stall mit der veränderten Teil-Mischration der laktierenden Kühe füttern, um: • die Tiere an eine stärke- und kraftfutterreichere Ration langsam zu gewöhnen • eine bedarfsgerechte Mineralstoffversorgung sicherzustellen • vor allem die K- und Ca-Versorgung und damit das Milchfieberrisiko durch die veränderte Zusammensetzung (DCAB der Ration wurde von ursprünglich › 200 meq/kg TM auf ca. 100 meq/kg TM abgesenkt) zu reduzieren	
Früh-Trockensteher		
Sommer: nur Weidegras	Sommer: • auf Weidefläche mit älterem, rohfaserreichem, energiearmem Weidegras bringen • Spurenelement- und Vitaminversorgung sicherstellen (zumindest mit Leckmasse)	

Fortsetzung Früh-Trockensteher	
Winter: Grassilage, z. T. etwas Maissilage, 270 g Trockenstehermineral	Winter: • Speziell energie- und eiweißärmere Grassilage für Trockensteher und Jungrinder im 2. Aufzuchtjahr bereiten (in einem möglichst schmalen Silo, um den entsprechenden Entnahmevorschub zu gewährleisten) oder • die Grassilage mit 2,5 kg Häckselstroh/Tier und Tag vermischen • Mineralstoffversorgung ist mit 100 g/Tier und Tag eines Ca-freien Mineralfutters für Trockensteher ausreichend • Wenn die Grassilage, wie in diesem Fall, mit fast 50 % sehr trocken ist, wird die Mischung mit Stroh zu trocken und die Strohaufnahme unsicher ⇢ deshalb unbedingt bei der Silagebereitung darauf achten, Grassilagen für Trockensteher nicht zu stark anzuwelken (optimal: 35 %)
Jungrinder bis 10 Monate	
Gras-, Maissilage + 1,5 kg Kraftfutter (18/3)	Bei entsprechender Zufütterung von 40 g eines ausbalancierten Mineralfutters ist die Ration bedarfsdeckend
Jungrinder ab 11 Monate	
Grassilage	Bei reiner Grassilagefütterung wäre die Ration durch die Gabe von 60 g eines Ca-armen Mineralfutters bedarfsdeckend. Genauso bietet sich die Ration der Früh-Trockensteher mit einer zusätzlichen Gabe von 30–50 g Futterkalk/Tier und Tag an.

Eutergesundheit

- ☑ Strategische Mastitisbekämpfung auf Basis der Untersuchungsergebnisse von Viertelgemelksproben mit der Tierärztin besprechen (ggf. Gruppen bilden, um die Verbreitung ansteckender Erreger zu unterbrechen oder Zwischendesinfektion der Melkzeuge einführen)
- ☑ Die Standards guter Melkhygiene beachten:

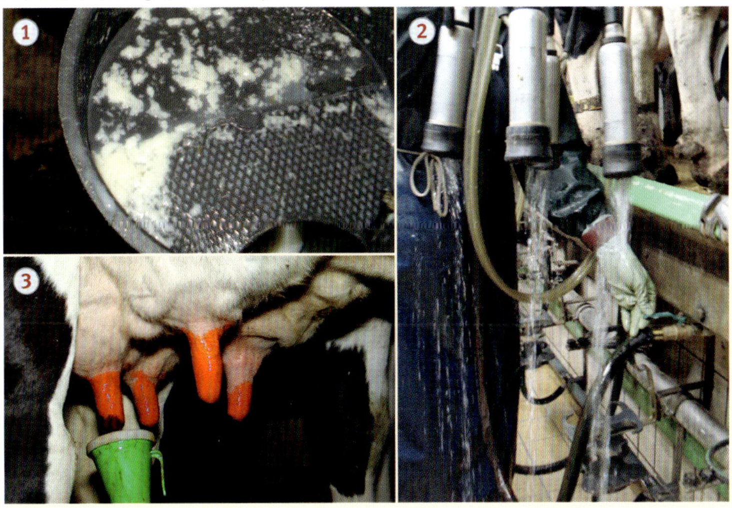

(1) Der Einsatz eines Vormelkbechers verhindert, dass infizierte Milch in die Umgebung gespritzt wird.

(2) Eine Zwischenreinigung und ggf. -desinfektion des Melkzeuges nach dem Melken einer infizierten Kuh kann die Keimübertragung zumindest deutlich reduzieren.

(3) Das Nachdippen mit jodhaltigem Dippmittel soll die beim Melken auf die Zitze und in die Strichkanalöffnung gelangten Mastitiserreger abtöten.

Haltung

- Wasserversorgung der laktierenden Tiere durch die Installation einer zweiten Trogtränke verbessern
- Liegeboxen: Einstreumenge erhöhen, um die Tiere zu animieren, die Liegeboxen häufiger aufzusuchen und länger zu liegen; mehrmals wöchentlich einstreuen und kalken

Abkalbe- und Frischabkalbermanagement

- Tiere nicht erst bei bereits begonnener Kalbung in die Kalbebox bringen, da dies Stress verursacht, damit den Geburtsvorgang hemmt und letztlich Nachgeburtsverhaltungen begünstigen kann.

Nachgeburtsverhaltung:

- Therapie ändern (heraushängende Nachgeburtsteile abschneiden, nach Absprache mit der Tierärztin bei Fieber mit einem Breitbandantibiotikum behandeln)
- In der ersten Woche p.p. Fieber messen
- Tiere erst dann in die laktierende Gruppe überführen, wenn die Nachgeburt abgegangen ist und sie fieberfrei sind; das setzt voraus, dass zu den Kalbeboxen noch eine Krankenbox eingerichtet wird

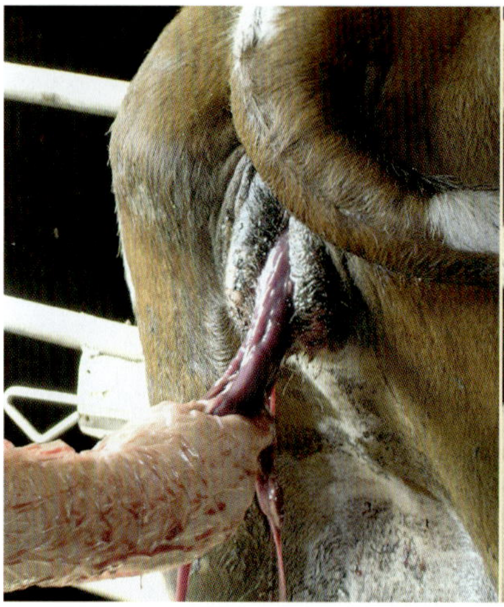

- Kalbeboxen häufiger reinigen (desinfizieren), besonders dann, wenn dort Tiere mit Nachgeburtsverhaltungen aufgestallt waren

Jungtiere

- Mehr Lichtquellen im Jungrinderstall einbauen
- Jungrinder in den letzten drei bis vier Monaten vor der Kalbung bereits in den regelmäßigen Klauenschnitt einbeziehen

Zu den oben genannten möglichst kurzfristig umzusetzenden Maßnahmen ergaben sich für diesen Betrieb noch einige mittelfristige Empfehlungen, um die Situation auf Dauer zu verbessern.

- ☑ Liegeboxenkomfort im Kuhstall verbessern (entweder aus der Hochbox durch ein breites Kantholz am Boxenende eine Tiefbox einrichten oder die Betonboxen mit Komfortmatten ausstatten)
- ☑ Licht- und Luftverhältnisse im Kuhstall verbessern, indem die Stallseiten geöffnet werden

- ☑ Silomanagement: Anschnittflächen müssen der täglich zu fütternden Tierzahl angepasst werden, um bei allen geöffneten Silos einen Entnahmevorschub von mindestens 1,5 m, besser 2 m/Woche zu gewährleisten
- ☑ Gezielt für Trockensteher (und Jungrinder im zweiten Aufzuchtjahr) eine energie- und K-arme Grassilage bereiten; entweder ein sehr schmales Silo oder Rundballen anlegen, da sonst die Gefahr der Nacherwärmung bei geringen Entnahmemengen zunimmt
- ☑ Jungrinderaufzucht in einem Stall ohne Vollspalten und mit besseren Licht- und Luftverhältnissen

Landwirt: *„Da in meinem Betrieb nur wenige Tiere nach der Kalbung festlagen, konnte ich mir nur schwer vorstellen, dass wir ein Milchfieberproblem hatten. Inzwischen weiß ich, dass die unterschwellige (subklinische) Form von Milchfieber die Ursache für viele andere Infektionskrankheiten rund um die Geburt in meinem Betrieb war."*

Tierärztin: *„Milchfieber ist immer ein Fütterungsproblem: Solange die Fütterungsfehler bestehen bleiben, kann ich als Tierärztin nur versuchen, die dadurch begünstigten Krankheiten frühzeitig und effektiv zu behandeln. Die wichtigste Maßnahme ist deshalb die Aufdeckung der Schwachstellen in der Ration und deren Beseitigung."*

Fall 6

Milchfieber

Kleine Fütterungsfehler bei der Transitgruppe mit schweren Folgen

Betriebssituation

Der Betrieb mit 200 Milchkühen liegt in Nordfriesland. Die Herdenleistung ist in den letzten Jahren kontinuierlich gestiegen und lag zum Zeitpunkt des Betriebsbesuches bei über 11.000 kg.

Landwirt: *„Wenn man die grundsätzlichen Dinge in Sachen Kuhkomfort und Management beachtet und konsequent umsetzt, sind solche Herdenleistungen ohne großartige Klimmzüge seitens der Fütterung erreichbar. Wichtig ist, dass die Tiere ordentlich Luft bekommen, dass sie viel Platz haben und bequem und sauber liegen können. Und nicht zuletzt – vielleicht das Wichtigste überhaupt - ist der sorgsame Umgang mit den Tieren. Sie danken es einem mit Gesundheit und Leistung.*
So bin ich auch im Großen und Ganzen mit der Herde zufrieden, bis auf die nicht so gute Fruchtbarkeit meiner Kühe. Da ich eher die wirklich guten und daher auch teuren Besamungsbullen auswähle, geht doppeltes und dreifaches Besamen richtig ins Geld.
Und zudem stören die häufigen Milchfieberfälle. Die erste Kalziuminfusion machen wir hier in Absprache mit der Tierärztin selbst. Das klappt zwar gut und meistens ist diese eine Infusion auch ausreichend. Dennoch ist es eine zeitaufwendige Angelegenheit und ich bin mir nicht sicher, ob ich damit auch alle subklinischen Milchfieberfälle erwische, zumal bei vielen Kühen auch die Nachgeburten stehen bleiben. Schöner wäre es, wenn wir gar keine Milchfieberfälle hätten.“

Tierärztin: *„Der Betrieb gehört zu den leistungsstarken in Schleswig-Holstein. Das Management ist gut durchdacht. Aber gerade bei so hoher Leistung sind die Milchkühe auch anfälliger für Stoffwechselerkrankungen, insbesondere Milchfieber. Wenn dann die Fütterung nicht 100 %ig stimmt, gibt es eher Probleme als bei Kühen mit niedriger Leistung. Die Milchfieberproblematik in der Herde führt gehäufter zu Nachgeburtsverhaltungen, dementsprechend dann auch Gebärmutterentzündungen und diese beeinträchtigten letztendlich die Fruchtbarkeit.“*

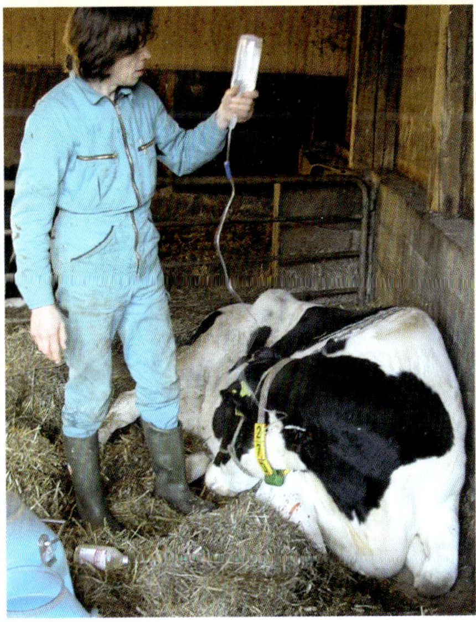

Der Betriebsleiter führte die Erstbehandlung bei Milchfieber in Absprache mit der Tierärztin selbst durch. (li.)

Oft waren die Ablösung der Eihäute und die Rückbildung der Gebärmutter aufgrund von kalziummangelbedingtem Milchfieber beeinträchtigt. (re.)

Betriebsdaten

Aktuelle Milchkontrolle: hohe Leistung bei niedrigen Milchinhaltsstoffen

Bei der Auswertung der LKV-Daten zum Zeitpunkt der Beratung fielen besonders der mit 3,05 % niedrige Eiweißgehalt im ersten Laktationsdrittel und der mit 3,4 % sehr niedrige Milchfettgehalt bei den Tieren der Hochlaktation auf (Abb. 6.1).

Abb. 6.1

2. Ergebnisse der Harnstoffuntersuchung (Durchschnittswerte der Melktagegruppen am Prüfungstag)

	Anzahl Kühe	Milch kg	Fett %	Eiweiß %	Harnstoff mg/kg	
10. - 100. Lakt.Tag Sollwert	36 *46*	38,2	4,14	3,05 3,10-3,80	205 150-300	Niedriger Eiweißgehalt, Harnstoff im Normal-Bereich. Hinweis auf Energiemangel bei ausreichendem Gehalt an Rohprotein. Eventuell Energieversorgung überprüfen.
101.-200. Lakt.Tag Sollwert	53 *160*	32,3	3,40	3,19 3,20-3,85	252 150-300	Niedriger Eiweißgehalt, Harnstoff im Normal-Bereich. Hinweis auf Energiemangel bei ausreichendem Gehalt an Rohprotein. Eventuell Energieversorgung überprüfen.
> 200. Lakt.Tag Sollwert	99 *316*	26,8	3,80	3,44 3,30-3,90	239 150-300	Eiweiß- und Harnstoffgehalt liegen im Normalbereich. Futterration erscheint hinsichtlich Energie- und Rohproteingehalt ausgeglichen.
Gesamt	188 *219*	30,6	3,76	3,27	235	

Sicher müssen die Milchinhaltsstoffe immer in Kombination zur Milchmenge interpretiert werden, und diese war in der Herde mit über 11.000 kg sehr hoch. Daneben spielt auch die genetische Einflussnahme, gerade bezüglich des Milchfettgehaltes, eine gewisse Rolle. In dieser Herde wurden seit Jahren Bullen mit hoher Leistung, aber mitunter sehr niedrigen Milchfettgehalten eingesetzt.

Was den aber v.a. anfänglich niedrigen Milcheiweißgehalt betrifft, so musste dieser als Hinweis auf einen verstärkten Energiemangel in der Frühlaktation gewertet werden.

Eine detaillierte Auswertung der Einzeltierdaten zeigte zum einen die sehr hohen Einstiegsleistungen der Tiere (z. B. Tier 4, 6, 7, 8) nach der Kalbung und zum anderen aber auch die noch sehr hohen Milchleistungen zum Zeitpunkt des Trockenstellens (z. B. Tier 2, 8, 9; Abb. 6.2). Die Herde hatte eine sehr gute Persistenz.

Abb. 6.2: Auszug aus der Milchkontrolle

Tier 1	Z	147	35	68	426	244	231	523	163		
	M	36,5	51,8	60,4	38,9	49,1	45,3	33,2	38,9		40,8
	F	5,30	3,66	3,65	3,81	4,32	4,37	4,32	4,51		
	E	3,49	2,73	2,76	3,02	3,06	2,99	2,95	3,23		
	Ft	8,69	8,25	8,26	8,46	8,31	8,39	8,37	8,73		
	H	233	247	263	332 +	345 +	332 +	165	238		31,7
Tier 2	Z	54	112	69	110	157	90	127			
	M	37,2	25,6	33,4	28,8	25,6	25,1	20,4	TRO		
	F	2,93	3,37	3,01	3,30	3,86	3,78	3,89			
	E	3,16	3,10	3,13	3,45	3,63	3,60	3,71			
	Ft	8,86	8,79	8,88	9,22	9,27	9,42	9,58			
	H	186	399 +	280	284	306 +	298	226			41,5
Tier 3	Z		76	54	60	54	113	158	122		
	M		31,1	37,8	31,2	28,2	26,0	27,7	26,3		24,4
	F		3,56	2,77	2,92	2,77	2,73	3,18	3,26		
	E		3,26	3,09	3,19	3,35	3,67	3,66	3,61		
	Ft		8,86	8,77	8,76	8,75	9,29	9,29	9,40		
	H		238	175	220	320 +	320 +	228	239		22,6
Tier 4	Z	119		33	144	560	330	244	268	4 !	
	M	25,6	TRO	44,0	49,8	43,6	38,7	44,2	41,2		36,5
	F	3,92		4,84	2,93	3,22	2,79	3,11	3,11		
	E	3,57		3,20	2,63	2,86	3,13	3,15	3,20		
	Ft	9,35		8,61	8,19	8,24	8,59	8,63	8,68		
	H	315 +		346 +	395 +	435 +	442 +	331 +	275		35,5
Tier 5	Z	83	98	145	130	237	250	284	306	4 !	
	M	38,2	55,1	57,1	46,9	43,1	40,1	36,1	31,1		25,8
	F	6,09	3,42	2,68	2,26	2,67	2,60	2,96	2,78		
	E	3,79	2,65	2,52	2,61	2,72	2,84	2,89	2,93		
	Ft	9,00	7,98	7,88	8,00	7,92	8,03	7,96	7,94		
	H	164	232	339 +	376 +	350 +	324 +	190	203		29,7
Tier 6	Z	166	793		34	57	112	167	146		
	M	33,2	14,5	TRO	40,0	49,1	45,8	43,2	41,4		37,1
	F	3,77	5,97		3,67	3,86	3,67	4,00	3,28		
	E	3,61	3,86		2,59	2,60	2,84	2,81	3,05		
	Ft	8,77	8,88		8,18	8,02	8,21	8,09	8,37		
	H	245	128		230	399 +	381 +	250	356 +		41,5
Tier 7	Z				73	167	116	58	111		
	M	TRO	TRO	TRO	57,7	57,0	51,0	55,1	48,6		42,0
	F				3,17	3,86	3,04	2,94	2,99		
	E				2,84	3,16	3,08	3,14	3,10		
	Ft				8,33	8,53	8,47	8,46	8,52		
	H				253	330 +	413 +	259	285		52,5
Tier 8	Z	111	26	27			15	27	13		
	M	35,6	33,8	32,8	TRO	TRO	46,2	45,7	46,6		47,2
	F	3,38	3,87	3,85			5,11	5,13	4,43		
	E	3,02	3,07	2,97			3,16	2,77	3,15		
	Ft	8,47	8,72	8,72			8,85	8,70	9,04		
	H	251	291	295			276	144	238		42,5
Tier 9	Z	76	56	60	55	89					
	M	35,3	32,1	34,0	28,1	29,3	TRO	TRO	TRO		
	F	3,69	3,58	3,32	4,33	4,34					
	E	3,47	3,39	3,31	3,48	3,46					
	Ft	8,80	8,89	8,77	8,99	8,87					
	H	238	325 +	287	349 +	326 +					46,6

Z (Zellzahl), M (Milchmenge), F (Fett), E (Eiweiß), Ft (fettfreie Trockenmasse), H (Harnstoff)

Fruchtbarkeit: mäßige Besamungsergebnisse bei guter Brunst

Im Allgemeinen sah der Landwirt die meisten Tiere nach der Kalbung frühzeitig und gut rindern. Dennoch wurden zahlreiche Tiere einfach zu spät wieder tragend. Dabei störte den Landwirt die lange Zwischentragezeit von 432 Tagen noch gar nicht so sehr, da die Tiere trotz langer Laktationsdauer kaum zur Verfettung neigten. Weitaus ärgerlicher war der hohe Besamungsaufwand (Besamungsindex: 2,3) für die Milchkuhherde, da hier grundsätzlich die Top 10-Bullen eingesetzt wurden, deren Spermaportionen deutlich teurer sind. Zu viele Tiere bullten wieder um.
Darüber hinaus waren aber auch viele Tiere zu lange Zeit nach der Kalbung nicht sauber, so dass sich die Rastzeit dadurch verlängerte (im Schnitt 113 Tage).

Betriebsdaten

Haltung

Milchviehstall: optimale Haltungsbedingungen

Die Boxenlaufställe boten all das, was man unter guten Licht-, Luft- und Haltungsbedingungen versteht. Es herrschte genügend Platz zum Fressen, Liegen und Laufen, auch für die rangniedrigeren Tiere. Allen Kühen standen Tiefboxen zur Verfügung. Diese wurden täglich gereinigt und mit ausreichend Häckselstroh eingestreut. Das sah man den Tieren auch an: sie waren alle sehr sauber, hatten ein glänzendes Fell und – für weiche, gut gepflegte Tiefboxen typisch – behaarte Sprunggelenke. Während des Betriebsrundganges lagen mehr als 80 % der Herde, 60 % von ihnen kauten wieder.
Die Kühe und Färsen machten allgemein, außer einigen in der Frühlaktation eher unterkonditionierten älteren Kühen, einen sehr guten, gesunden und gepflegten Eindruck.

In diesem Betrieb ist der Kuhkomfort vorbildlich.

Die Kühe legten sich gern in die bequemen Tiefliegeboxen. (li.)

Überall im Stall standen gut zugängliche Tränken zur Verfügung. (re.)

Hochtragende Färsen wurden sechs bis acht Wochen vor dem errechneten Abkalbetermin in den Milchkuhbereich eingruppiert und zwar in die Gruppe der Früh-Trockensteher. In den letzten zwei bis drei Wochen vor der Kalbung wurden die Färsen bereits in die Herde der laktierenden Kühe integriert, um sich dort an die Stallgegebenheiten und auch an den Melkstand zu gewöhnen.

Trockenstehende Kühe wurden in den letzten zwei bis drei Wochen vor der Kalbung in die Transitgruppe genommen. Gerade bei diesen beiden Gruppen der trockenstehenden Tiere wurde darauf geachtet, die Abteile nicht überzubelegen.

Abkalbebox

12–36 Stunden vor der Kalbung erfolgte das Umtreiben der Tiere in die Abkalbebox, in der sie – je nach Zustand – maximal zwei Tage blieben.
Jede vierte Kuh zeigte klinische (kalte Ohren, Festliegen) oder subklinische Symptome (wechselwarme Ohren, erschwertes Aufstehen) von Milchfieber.

Je nach Zustand blieben die Tiere maximal zwei Tage in der Abkalbebox.

Fütterung

Rationsgestaltung: kleine Fehler mit großer Wirkung

Da die Milchfiebererkrankung immer im Zusammenhang mit der Fütterung der trockenstehenden und abkalbenden Tiere gesehen werden muss, konzentrierte sich die Beratung besonders auf die Rationen der Früh-Trockensteher sowie der Transitkühe (Tab. 6.1).

Tab. 6.1: Übersicht der gefütterten Rationen der Früh-Trockensteher und Transitkühe

Tiergruppe	Rationszusammensetzung	Rationseckparameter und „Kommentare“
Früh-Trockensteher	9,4 kg TM Grassilage (2. Schnitt, energie- und eiweißarm, sehr K-arm) + 3 kg TM Maissilage + 80 g Ca-freies Trockensteher-mineral	NEL: 5,7 MJ/kg TM XP: 12 % i.d.TM XF: 27,6 % i.d.TM DCAB: 110 meq/kg TM K: < 15 g/kg TM Ca: 5,1 g/kg TM *„Die Ration der Früh-Trockensteher war energetisch und eiweißseitig ausgeglichen und bedarfsgerecht. Gleiches galt für die Vitamin- und Mineralstoffversorgung.* *Die K-Versorgung war trotz des großen Grasanteils in der Ration wünschenswert niedrig, da die Grassilage mit nur 16 g/kg TM extrem K-arm war.“*
Transitkühe	4,5 kg TM Maissilage + 3,4 kg TM Grassilage (1. und 2. Schnitt, sehr K-arm) + 3,6 kg TM einer eiweißreichen Vormischung (je 33 % Soja-, Rapsextraktionsschrot, Weizen) + 220 g Ca-armes Mineralfutter + 30 g Viehsalz	NEL: 6,9 MJ/kg TM XP: 17 % i.d.TM XF: 18,5 % i.d.TM Zucker + Stärke: 22 % i.d.TM DCAB: < 100 meq/kg TM K: < 15 g/kg TM Ca: 4,8 g/kg TM *„Die Ration der Transitkühe entsprach weitgehend der Ration der laktierenden Milchkühe, jedoch ohne Trockenschnitzel und zusätzlichen Futterkalk. Damit lag die Energie- und Eiweißversorgung leicht oberhalb des Bedarfes der Tiere. Gleiches galt für die Vitamin- und Spurenelementversorgung. Aufgrund des niedrigen K-Gehaltes ergab sich eine ebenfalls niedrige DCAB.“*

Fachkommentar

Fachkommentar

Fachkommentar

DCAB (*deutsch: Kationen-Anionen-Bilanz*)

„Alle Futtermittel enthalten verschiedene Salze, die den Säure-Basen-Haushalt der Rinder beeinflussen. Als Orientierung für die zu erwartende azidogene bzw. alkalogene Wirkung von Futtermitteln und Rationen im Tier dient die Bestimmung der DCAB. Hierbei werden die wirklich relevanten starken Anionen und Kationen berücksichtigt, die den größten Einfluss auf den Säure-Basen-Haushalt der Tiere ausüben. Das sind auf der Seite der Kationen Kalium und Natrium und auf der Seite der Anionen Chlor und Schwefel.
Je positiver – gemeint ist in diesem Fall je höher – die DCAB ist, desto alkalischer wirkt eine Ration im Tier. Negative DCAB-Werte geben einen Überhang an starken Anionen wieder, die mit einer Verschiebung des Säure-Basen-Haushaltes im Blut in Richtung einer Azidose einhergehen.

Kalium ist das am stärksten pH-wirksame Kation. Es hat eine größere Bedeutung für das Milchfieberrisiko als Kalzium. Ein Kaliumgehalt von mehr als 15 g/kg TM bewirkt im Tier eine leichte metabolische Alkalose. Diese behindert das Kalziumgleichgewicht um die Geburt herum. Bei einer metabolischen Alkalose ist die Ansprechbarkeit der Niere und der Knochen auf das Kalzium bereitstellende Parathormon vermindert, d.h. alkalotische Stoffwechsellagen hemmen die Kalziummobilisation aus den Knochen und die Resorption im Darm.

In vielen Betrieben führt die kaliumreiche Fütterung der Trockensteher zu DCAB-Werten in den Rationen von + 200 bis über + 400 meq/kg TM. Diese verursachen eine alkalische Stoffwechselsituation bei den Tieren mit der Folge einer großen Milchfiebergefahr.“

Um eine wünschenswert niedrige DCAB der Ration zu erzielen, wurde in diesem Betrieb ganz gezielt eine K-arme Grassilage an die Trockensteher verfüttert. Diese Grassilage war von einer nicht begüllten Fläche erzeugt worden.

Die DCAB der **Früh-Trockensteherration** lag zwar im positiven Bereich, aber aufgrund der K-armen Grassilage mit 110 meq/kg TM insgesamt niedrig und damit bezüglich einer geringen Milchfiebergefahr vorteilhaft.

Die DCAB der **Transitration** war mit < 100 meq/kg TM ebenfalls niedrig. Dieses wurde zum einen durch den großen Maissilageanteil in der Ration, zum anderen durch den sehr niedrigen K-Gehalt der eingesetzten Grassilage des 2. Schnittes hervorgerufen.

Fachkommentar

„Bei der Berechnung der DCAB darf dennoch nicht vergessen werden, dass es sich bei diesem Wert immer um einen theoretischen handelt. Die DCAB als Kalkulationsgröße ist mit einer großen Unsicherheit behaftet. Zwar werden die Gehalte an K, Na, Cl und S in den Futtermitteln exakt analysiert, aber ob die dafür gezogenen Futtermittelproben auch tatsächlich repräsentativ für das gesamte Futter sind, welches die Tiere regelmäßig aufnehmen, bleibt unklar. Das bedeutet, dass die tatsächlichen Säure-Basen-Verhältnisse in den Tieren möglicherweise von denen aufgrund der DCAB abgeleiteten abweichen können.“

Milchfiebergefahr mittels Harnproben überprüft

Bei alleiniger Berücksichtigung der DCAB der Transitration wurde keine offensichtliche Milchfiebergefahr erkennbar. Die Tiere im Bestand zeigten aber etwas anderes. Daher wurden von sechs zum Zeitpunkt der Beratung trockenstehenden Kühen Harnproben genommen und die Netto-Säure-Basen-Ausscheidungen (NSBA) sowie die Kalzium- und Kalium-Ausscheidungen dieser Tiere bestimmt (Tab. 6.2).

„Mit der Bestimmung der Netto-Säure-Basen-Ausscheidung (NSBA) kann in Kombination zur DCAB der Ration das Risiko für eine Milchfiebererkrankung viel besser eingeschätzt werden als nur aufgrund der berechneten DCAB.
NSBA-Werte über 250 mmol/l im Harn in Kombination mit K-Ausscheidungen › 300 mmol/l von Transitkühen in den letzten Tagen vor der Kalbung deuten aufgrund einer alkalotischen Stoffwechsellage auf eine größere Milchfiebergefahr hin. NSBA-Werte von ‹ 50 mmol/l bei niedrigen K-Ausscheidungen (‹ 100 mmol/l) hingegen deuten eher in Richtung einer Azidose.“

Fachkommentar

Tab. 6.2: Ergebnisse der Harnuntersuchung

Parameter	Untersuchte Tiere					
	Früh-Trockensteher			Transitkühe		
	Tier 1	Tier 2	Tier 3	Tier 4	Tier 5	Tier 6
NSBA (mmol/l)	**40**	**40**	60	**0**	**-20**	**40**
K (mmol/l)	**79,5**	**80,0**	210,6	150,0	**80,0**	210,0
Ca (mmol/l)	**3,5**	1,03	**4,0**	0,2	**4,65**	1,24

Die Ergebnisse zeigen, dass die trockenstehenden Tiere mit 40 bis 60 mmol/l und die Transitkühe mit 0 bis -20 mmol/l Netto-Säure-Basen-Ausscheidungen aufwiesen, die ansonsten beim Einsatz Saurer Salze üblich und dort auch wünschenswert sind. Diese Tiere hatten jedoch keine anionischen Salze erhalten. Diese niedrigen NSBA standen auch im Zusammenhang mit der geringen Kalium-Ausscheidung. Eine niedrige K-Ausscheidung dient häufig als Indiz für eine geringe Grundfutteraufnahme (da in den meisten Fällen mit Grundfutter auch viel K aufgenommen wird). In diesem Betrieb war aber aufgrund der täglich notierten Futtermengen die tatsächliche Futteraufnahme der Transitkühe bekannt und mit durchschnittlich 12,5 kg TM sehr gut. Demnach musste die geringe K-Ausscheidung als Folge der niedrigen K-Konzentration im Futter gewertet werden. Das erhärtete den Verdacht, dass bei diesen Tieren keine alkalotische, sondern eher eine metabolisch azidotische Stoffwechsellage vorhanden war.
Auffallend war, dass die Transitkühe eine noch niedrigere NSBA aufwiesen als die frühtrockenstehenden Kühe. Das signalisiert, dass diese Tiere weiter in Richtung metabolischer Azidose gingen. Das war auch durch die weiter abgesenkte DCAB zu vermuten. Beim gezielten Einsatz von anionischen Salzen möchte man den Säure-Basen-Haushalt in Richtung Azidose verschieben, mit dem Ziel, die Adaptationsmechanismen zur Vermeidung von Milchfieber zu aktivieren. Da die Tiere aufgrund solch einer Blutazidose

verstärkt Ca ausscheiden, wird zeitgleich mit der Verabreichung von Sauren Salzen auch die Ca-Versorgung solcher Rationen angehoben.

In diesem Betrieb gingen die Tiere ebenfalls in die Richtung einer azidotischen Stoffwechsellage (Blut-, nicht Pansenazidose!). Da sie zudem aber auch noch Ca-arm (4,8 g Ca/kg TM) versorgt wurden, ergab sich genau daraus eine verstärkte Milchfiebergefahr.
Das würde bedeuten, dass in solch einem Fall (DCAB zwischen 0 und 100 meq/kg TM) nach einer Überprüfung der NSBA der Tiere die Ca-Versorgung der Ration auf etwa 8–9 g/kg TM erhöht werden muss. Das wäre in dieser Ration mit der Zugabe von 100 g Futterkalk je Transitkuh und Tag erreicht.

Fachkommentar

„Für die Reaktion auf den Kalziumhaushalt ist die Herkunft der azidotisch wirkenden Effekte egal. Der Kalziumhaushalt ist nur die Folge der Summe aller Einflussgrößen auf den Säure-Basen-Haushalt. Das würde bedeuten, dass auch eine Pansenazidose den Kalziumhaushalt beeinflusst. Wichtig ist aber, eine Pansenübersäuerung zu verhindern. Eine zusätzlich azidotisch wirkende Pansenübersäuerung würde aufgrund der stark erhöhten Kalziumausscheidung eine Milchfiebergefahr erhöhen."

Betriebsberatung

Problembeschreibung

Die maisbetonte Ration der Transitkühe bewirkte in Kombination mit der sehr K-armen Grassilage eine DCAB, die nur im schwach positiven Bereich lag (ca. 100 meq/kg TM). Das bedeutete, dass die Fütterung eher nicht zu einer alkalotischen Stoffwechsellage führte.
Anhand der NSBA-Bestimmung wurde dann deutlich, dass die Tiere bereits vermehrt zu einer Blutazidose neigten.

In solchen Situationen muss das Kalziumangebot der Ration auf etwa 9 g/kg TM bzw. ca. 100 g/Kuh und Tag angehoben werden. Wenn dieses unterbleibt, erhöht sich die Milchfiebergefahr.

Ein weiteres Problem ergab sich daraus, dass die Kühe nach der Kalbung in der gleichen Abkalbebox standen wie die Tiere vor der Kalbung und dort dieselbe Ca-arme Ration aufnahmen. Bereits unmittelbar nach der Kalbung benötigen die Tiere aber eine deutlich höhere Ca-Versorgung.

Aufgrund dieser vermehrten Milchfieberprobleme hatten viele Tiere trotz hoher Einstiegsleistungen Startschwierigkeiten in die Laktation (niedrige Milcheiweißgehalte) und nachfolgend eine unbefriedigende Fruchtbarkeit.

Maßnahmen

Im Folgenden werden Vorschläge für Rationsumstellungen gegeben, die die Stoffwechsellage im Betrieb verbessern sollten.

Fütterung der Transitkühe

☑ Die Transitkühe erhielten weiterhin die bisherige Ration, aber nun auch mit 100 g Futterkalk, also mit einer entsprechenden Kalziumerhöhung.

Rationszusammensetzung	Rationseckparameter
4,5 kg TM Maissilage	NEL: 6,9 MJ/kg TM
+ 3,4 kg TM Grassilage	XP: 17 % i.d.TM
(1. und 2. Schnitt, sehr K-arm)	XF: 18,5 % i.d.TM
+ 3,6 kg TM einer eiweißreichen	Zucker + Stärke: 22 % i.d.TM
Vormischung (je 33 % Soja-,	**DCAB: < 100 meq/kg TM**
Rapsextraktionsschrot, Weizen)	**K: < 15 g/kg TM**
+ 220 g Ca-armes Mineralfutter	**Ca: 8,3 g/kg TM**
+ 30 g Viehsalz	
+ 100 g Futterkalk	

Die für Transitkühe bedarfsüberschreitende Eiweißversorgung kann erst dann reduziert werden, wenn diese Tiere nicht mehr die Milchkuhmischration erhalten.

LANDWIRT: *„Ich wusste, dass eine geringe Ca-Versorgung der Transitkühe bezüglich einer Milchfieberprophylaxe vorteilhaft ist. Auch ist allgemein bekannt, dass eine K-arme Fütterung ebenfalls die Milchfiebergefahr reduziert. Beide Punkte für sich genommen sind also günstig, um Milchfieber vorzubeugen. Stattdessen aber hatte ich viele Milchfieberfälle, die ich mir seitens der Rationsgestaltung nicht erklären konnte.*
Jetzt ist mir deutlich geworden, wie kompakt diese Zusammenhänge mit der Fütterung sind, dass ich immer den K-Gehalt und die DCAB der Ration zusammen mit dem Ca-Gehalt betrachten muss und am besten in Kombination mit der NSBA-, K- und Ca-Ausscheidung der Tiere. Denn wenn einer wirklich weiß, ob die Fütterung richtig eingestellt ist, sind das die Kühe selbst. Deshalb überprüfe ich jetzt in regelmäßigen Abständen die NSBA-Werte meiner Transitkühe. Die Harnprobenahme geht einfach und schnell. Die Laborergebnisse habe ich bereits nach drei Tagen und bespreche sie dann mit meiner Tierärztin. Diese Routine ist einfach umzusetzen, kostet nicht viel und gibt mir wertvolle Bestandsinformationen."

TIERÄRZTIN: *„In diesem Betrieb bin ich weniger als praktische Tierärztin gefragt, sondern der Landwirt hat mir die Verantwortung für das Controlling der Tiergesundheit übergeben. Meine Haupttätigkeiten sind hier die regelmäßige Datenauswertung, Probenahme und die Ausarbeitung von Behandlungskonzepten mit dem Landwirt."*

Fall 7

Labmagenverlagerungen

Weil lahme Kühe schlecht fressen

Betriebssituation

In dem Familienbetrieb inmitten Schleswig-Holsteins werden 90 Milchkühe unter Laufstallbedingungen gehalten. Die Herdenleistung beträgt 9.200 kg mit 4,2 % Fett und 3,4 % Eiweiß.

Abb. 7.1

Tag	Liter	Temp.	% Fett	% Eiweiß	% Laktose	Keimzahl	Zellzahl	Gefrierpunkt	Harnstoff	HS
					Abrechnungsmonat					
2.	3.892,7	3,9				10				
4.	3.859,0	3,8								
6.	3.804,4	3,9	4,22	3,41	4,73		214	-0,522	203	N
8.	3.762,5	4,1				10				
10.	3.717,2	4,1	4,22	3,38	4,70			-0,522		
12.	3.776,5	4,2	4,12	3,34	4,75		216	-0,525	193	N
14.	3.797,8	4,1								
16.	3.800,9	4,2								
Summe/Monatsschn.	**30.411,0**		**4,19**	**3,38**	**4,73**	10	**215**	**-0,523**		
Vormonat						10	246			
Vor- Vormonat							276			
Abrechnungsschnitt						10	**251**			
Güteklasse 1										
Auszahlungsklasse 1										

Landwirt: *„Im Frühjahr hatten wir innerhalb von zwei Monaten fünf Tiere mit Labmagenverlagerungen. Die Erkrankungen traten jeweils zwischen sieben und zehn Tagen nach dem Kalben auf. Labmagenverlagerungen erkenne ich relativ gut und schnell, da ich eine automatische Milchmengenerfassung habe. Betroffene Tiere reagieren auf eine Verlagerung des Labmagens ganz empfindlich mit einem – manchmal sogar drastischen – Rückgang der Milchleistung von einer auf die andere Melkzeit. So konnte die Tierärztin immer sehr schnell eingreifen und letztlich auch alle Tiere retten."*

Tierärztin: *„In dem Betrieb traten zudem schon längere Zeit Probleme mit der Eutergesundheit auf. Auffallend waren dabei die gehäuften schweren Coli-Mastitiden, vor allem unmittelbar nach der Kalbung und während der Frühlaktation. Außerdem waren deutliche Klauen- und Gliedmaßenprobleme in der Herde erkennbar. Einige Tiere lahmten sehr stark und hatten dicke Gelenke."*

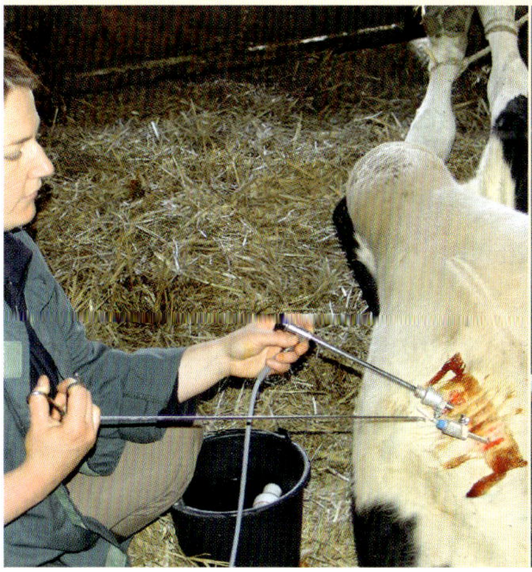

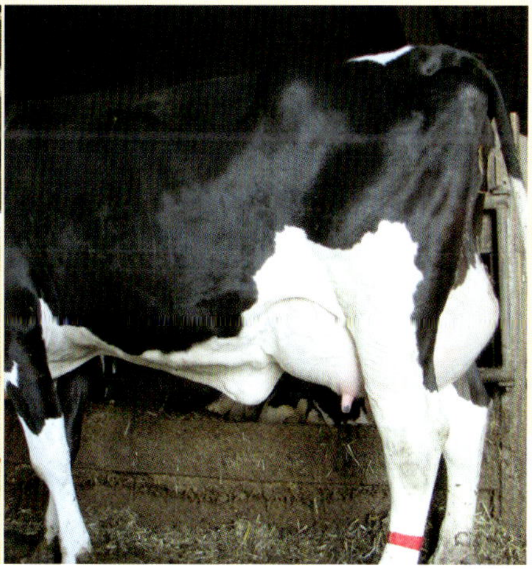

Innerhalb von zehn Tagen mussten fünf Kühe mit Labmagenverlagerung operiert werden. (li.)

Kurz nach der Kalbung traten gehäuft Coli-Mastitiden auf, auch schon bei Färsen. (re.)

Betriebsdaten

Aktuelle Milchkontrolle: Energiemangel und hohe Zellen

Die Milchkontrollergebnisse zum Zeitpunkt der Beratung zeigten mehrere Tiere zu Laktationsbeginn mit einem Fett/Eiweiß-Quotienten in der Milch von über 1,5, was als Hinweis auf eine Ketose zu deuten ist (Abb. 7.2, S. 96).
Die Datenauswertung von fast zwei Jahren ergab einen Anteil an Tieren mit einer ketotischen Stoffwechselbelastung von fast 20 %.

Peakleistung/Persistenz: hohe Einsatzleistung, schlechtes Durchhaltevermögen

Von 90 Tieren zeigten 19 Kühe und 13 Färsen während der aktuellen Laktation zwar eine hohe Einsatzleistung, erreichten aber keinen Peak zur zweiten bzw. dritten Milchkontrolle, sondern fielen mit der Leistung gleich nach der ersten Milchkontrolle weiter ab. Dieses musste ebenfalls als Hinweis auf eine stark ausgeprägte negative Energiebilanz mit gesundheitlicher Beeinträchtigung der Tiere gedeutet werden.

Eutergesundheit: schon Färsen mit hohen Zellen zum Laktationsbeginn

Die durchschnittliche Zellzahl der Milchkuhherde war bis zum Zeitpunkt der Betriebsberatung auf 300.000/ml Milch gestiegen. 35 % der gemolkenen Kühe und Färsen wiesen eine Zellzahl von über 200.000, 15 % eine Zellzahl über 400.000/ml Milch auf (z.B. Tier 1, 3 und 4 – alles Färsen – sowie Tier 2, 6 und 11 in Abb. 7.2). 19 Tiere, davon 13 Färsen, begannen ihre Laktation mit einer unphysiologisch hohen Zellzahl (> 100.000 Zellen/ml Milch). Dieses unterstrich das von der Tierärztin geschilderte Eutergesundheitsproblem.

Abb. 7.2: Auszug aus der Milchkontrolle

Zellen * 1000 / Milch kg / Fett % / Eiweiß % / FTM % / Harnstoff		Ergebnisse an den Kontrolltagen: 10.10.06	09.11.06	08.12.06	08.01.07	06.02.07	08.03.07	11.04.07	10.05.07	ECM (energiekorr. Milch) / Neue Kontrolle	Letzte Kalbung / Wieder besamt / (Anz.Bes.) Bulle / vsl. Kalbung / Tage seit letzter Kalbung
Tier 1 (Färse)	Z				221	550	172	162	183		10.12.06
	M				27,1	17,1	19,7	16,6	13,7	12,9	16.02.07
	F				2,32	2,69	4,04	3,10	3,55		(1)Trista
	E				3,60	3,30	3,44	3,30	3,28		
	Ft				8,88	8,77	8,76	8,89	8,90	34	
	H				197	211	268 +	301	184		51
Tier 2	Z	129	184	208	194			1633	211 2 !		10.0[illegible].07
	M	20,2	17,7	14,4	11,2	TRO	TRO	31,9	34,6	34,1	Labmagenverlagerung
	F	3,67	5,20	6,40	6,16			3,66	3,90		
	E	4,21	4,52	4,82	4,64			3,30	3,32		
	Ft	9,54	9,77	9,82	9,97			8,56	8,46	28	
	H	176	123	208	181			220	199		61
Tier 3 (Färse)	Z				732	297	477	286	223 5 !		20.[illegible].06
	M				26,3	33,2	32,4	23,9	29,9	28,5	22.04.07
	F				4,17	3,75	4,84	3,66	3,69		(2)Sulawesi
	E				3,35	3,07	3,29	3,24	3,23		
	Ft				8,63	8,40	8,68	8,65	8,40	33	
	H				159	164	203	248	208		141
Tier 4 (Färse)	Z			210	23	11	42	16	192		30.1 .06
	M			31,4	28,3	22,7	26,5	23,4	22,1	23,1	29.03.07
	F			3,64	3,68	3,64	4,91	3,56	4,37		(1)Barima
	E			3,86	3,10	3,43	3,63	3,61	3,44		
	Ft			8,83	8,68	9,11	9,09	9,21	8,96	28	
	H			208	202	311	213	298	193		[illegible]
Tier 5	Z	151	169	135	166			73	70		06.03.07
	M	33,0	23,6	17,9	12,9	TRO	TRO	30,0	43,2	39,9	
	F	3,55	4,46	4,70	4,73			5,15	3,58		
	E	3,81	4,20	4,52	4,44			2,92	2,94		
	Ft	9,15	9,56	9,73	9,79			8,30	8,34	30	
	H	274	207	252	254			203	228		65
Tier 6	Z	154	234			252	303	352	404		04.01.07
	M	24,2	13,4	TRO	TRO	40,2	38,8	37,1	20,6	20,7	11.04.07
	F	4,13	4,43			4,73	4,53	4,12	4,18		Labmagenverlagerung
	E	3,71	3,97			2,96	2,75	3,14	3,14		
	Ft	9,40	9,66			8,28	8,08	8,68	8,25		
	H	294	138			206	216	230	242		126
Tier 7	Z	243	350	437	340	440	773	1131			17.1 .05
	M	26,0	23,1	21,1	19,6	16,5	13,9	4,0	TRO		22.09.06
	F	4,74	4,90	5,11	4,91	5,79	5,53	8,83			(6)Co[illegible]
	E	3,74	3,75	3,93	4,03	4,20	4,46	4,91			Labmagenverlagerung
	Ft	9,11	9,07	9,02	9,27	9,44	9,64	9,89			[illegible].06.07
	H	216	181	238	226	225	264	278			539
Tier 8	Z	23	64	58			16	11	14		16.0 .07
	M	24,0	18,1	13,4	TRO	TRO	47,3	41,5	40,5	39,7	
	F	4,69	4,77	5,18			5,62	3,94	3,94		
	E	3,74	3,89	4,02			3,28	3,17	3,19		
	Ft	9,09	9,25	9,13			8,48	8,65	8,51	30	
	H	166	111	167			166	208	204		83
Tier 9	Z				23	26	30	19	41		14.1 .06
	M	TRO	TRO	TRO	45,7	44,1	40,5	40,5	38,4	32,4	20.02.07
	F				3,23	2,56	3,21	2,79	2,77		(1)Joyboy
	E				3,09	3,14	3,20	3,20	3,16		
	Ft				8,47	8,57	8,56	8,64	8,41	3,0	
	H				199	202	245	240	207		147
Tier 10	Z	71	101	116	222	211		56	40		06.04.07
	M	35,3	28,1	28,3	22,4	15,0	TRO	35,3	46,4	42,8	
	F	3,68	3,84	4,07	3,68	4,50		5,54	3,68		
	E	3,43	3,51	3,67	3,59	3,93		3,83	2,75		
	Ft	8,95	8,97	9,03	9,10	9,33		9,19	8,28	29	
	H	257	192	217	203	183		264	173		34
Tier 11	Z	126	166	189	421			240	36		01.04.07
	M	23,4	17,5	15,1	8,3	TRO	TRO	38,0	36,0	36,4	
	F	4,52	5,33	5,26	5,56			6,06	4,76		Labmagenverlagerung
	E	4,09	4,40	4,57	4,76			3,59	2,63		
	Ft	9,36	9,76	9,58	9,75			8,88	8,03	26	
	H	300	206	250	250			133	117		39

Z (Zellzahl), M (Milchmenge), F (Fett), E (Eiweiß), Ft (fettfreie Trockenmasse), H (Harnstoff)

Betriebsrundgang

Haltung: unzureichender Liegekomfort und Überbelegung

Die laktierenden Milchkühe wurden mit den Transitkühen zusammen in einem Laufstall mit Tiefboxen gehalten. 72 Tieren stand mit 80 Liegeboxen viel Platz zur Verfügung. Diese Tiefboxen wurden einmal pro Woche eingestreut. Da es sich bei der Einstreu aber um sehr langes Stroh (> 20 cm Häcksellänge) handelte, konnte sich in den Liegeboxen keine stabile Matratze bilden. Häufig war gerade im hinteren Bereich der Liegeboxen der blanke Beton zu sehen.

Unzureichend eingestreute Tiefboxen mit langer Einstreu

Im Stallbereich der Trockensteher und tragenden Färsen, der mit Hochboxen ohne Matten ausgestattet war, fanden 55 Tiere (15 Früh-Trockensteher und 40 Färsen) nur 50 Liegeplätze vor. Das entsprach einer Überbelegung von 10 %. Die Hochboxen waren zudem kaum eingestreut, so dass auch diese Tiere meistens, vor allem wieder im hinteren Boxenbereich, auf dem Beton lagen. Viele Tiere zeigten haarlose, schorfige und geschwollene Sprunggelenke. Während des vierstündigen Betriebsbesuches waren durchschnittlich nur 40 % dieser harten Liegeboxen belegt. Der Rest der Herde stand auf den Laufflächen.

Hochboxen mit mangelnder Einstreu

Dicke und geschwollene Sprunggelenke sind meistens Folgen eines Liegens auf hartem Untergrund. Solche Beulen können sich schnell entzünden. (li.)

Abgeschürfter, entzündeter Bereich am Sprunggelenk. (re.)

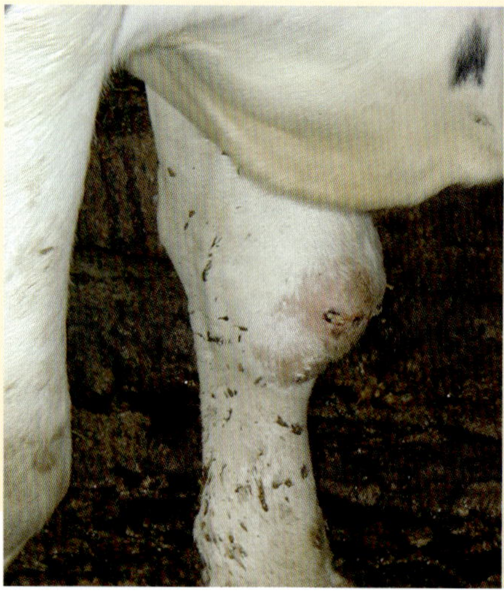

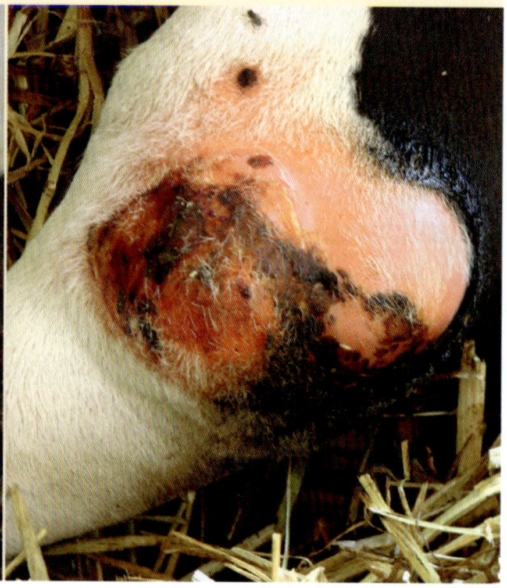

Fachkommentar

„Mangelnder Liegekomfort führt zur Beeinträchtigung der Futteraufnahme. Gerade in dem hochsensiblen Bereich vor und nach der Kalbung werden dadurch die Startbedingungen für die neue Laktation ganz massiv verschlechtert. Tiere mit einer unzureichenden und sich in den letzten Tagen vor der Kalbung stark verringernden Futteraufnahme haben auch nach der Kalbung eine schlechte Futteraufnahme. Sie weisen dann eine deutlich längere und viel negativere Energiebilanz auf und geraten viel öfter in eine Ketose."

Abkalbebox: unsaubere Abkalbebox als Krankenbox missbraucht

Die Abkalbebox war 25 m^2 groß und befand sich im alten Kälberstall. Da sie nur sehr schwer zu reinigen war, erfolgte das Ausmisten in der Regel erst nach acht bis zwölf Wochen. So war der Infektionsdruck sehr hoch und erhöhte sich zudem weiter dadurch, dass in dieser Box auch häufig kranke Tiere aufgestallt wurden.

Stark verschmutzte Abkalbeboxen bergen ein hohes Infektionsrisiko für die eingestallten Tiere.

„Für 90 Tiere, die ganzjährig abkalben, werden drei bis vier Abkalbeplätze (je Kuh in der Kalbebox 12 m² Platz) benötigt. Wenn im Betrieb zu wenig saubere Abkalbeboxen zur Verfügung stehen oder diese überbelegt sind, bedeutet das erheblichen Stress für die Tiere rund um die Kalbung. Der hohe Infektionsdruck ist auch mit verantwortlich für das gehäufte Auftreten von Mastitiserkrankungen unmittelbar nach der Kalbung. In der Zeit des Aufeuterns öffnen sich die Strichkanäle, so dass bei großem Erregerdruck Mastitiskeime leicht ins Euter eindringen können, zumal die Abwehrkräfte der Kühe und Färsen gerade in dieser Geburtsphase stark reduziert sind."

Fachkommentar

Klauengesundheit

Die Klauenpflege erfolgte nach Bedarf und bei allen Kühen vor dem Trockenstellen. Färsen vor der Kalbung wurden dabei nicht mit berücksichtigt. Eine zweimalige professionelle Klauenpflege des gesamten Bestandes erfolgte in diesem Betrieb nicht.

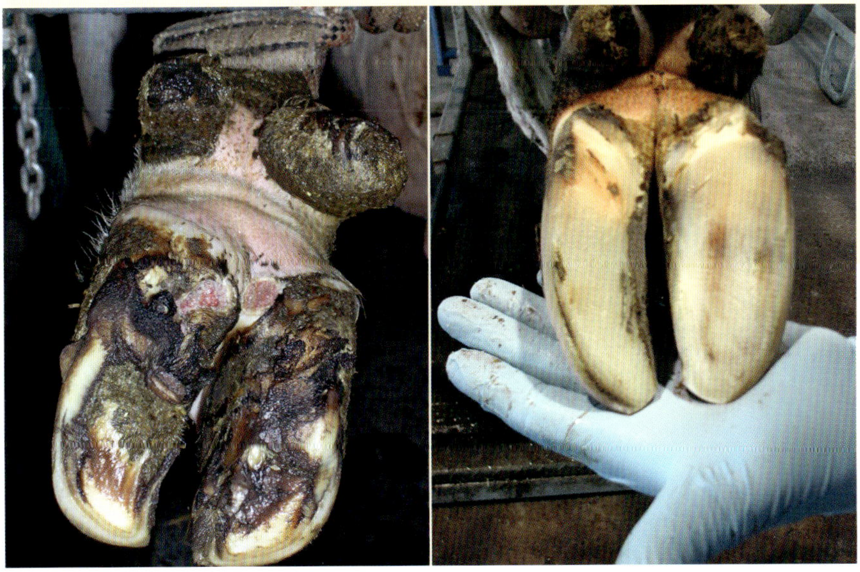

Als die im Bestand bedeutungsvollsten Klauenerkrankungen wurden Mortellaro (li.) und chronische Klauenrehen (re.) diagnostiziert.

„Mortellaro ist eine bakterielle Erkrankung, die besonders durch schlechte Haltungsbedingungen (ständig feuchte Klauen, mangelnder Liegekomfort) und eine verringerte Abwehr der Tiere gefördert wird. Jede Entzündung setzt Endotoxine frei, aber auch jeder massive Körperfettabbau. Diese beeinträchtigen die Durchblutung des Klauenhorns und die Rehegefahr nimmt zu. In diesem Betrieb handelt es sich hauptsächlich um die Belastungsrehe. Tiere legen sich nur ungern in harte Boxen, da das Aufstehen und Hinlegen Schmerzen bereitet. Das führt dazu, dass sie lange stehen. Das belastet Klauen, Gliedmaßen und geht zulasten des Wohlbefindens. Also leidet auch die Futteraufnahme darunter. Und dieses wiederum verstärkt zu Laktationsbeginn das Energiedefizit. In dieser Zeit der negativen Energiebilanz produziert der tierische Organismus grundsätzlich qualitativ schlechteres Klauenhorn, was eine Klauenrehe begünstigt."

Fachkommentar

Fütterung

Futterqualität/-vorlage: warme Silagen schmecken nicht

Einmal täglich wurde eine aufgewertete Grundfutterration mit dem Futterverteilwagen vorgelegt. Nach einem halben Tag fühlte sich diese Ration bereits warm an.

Warme Silage wird von den Tieren nur ungern gefressen.

Fachkommentar

„Der Grund für die schnelle Nacherwärmung der Ration auf dem Futtertisch war die bereits am Siloanschnitt warm gewordene Grassilage. Werden solche nacherwärmten Silagen dann auch noch in großen Mengen im Stall vorgelegt, wie das bei einer einmaligen Futtervorlage der Fall ist, heizt sich die Ration schnell auf. Derart warmes Futter beeinträchtigt die Futteraufnahme der Tiere und kann damit – vor allem in der Frühlaktation – eine energetische Unterversorgung fördern."

Rationsgestaltung: große Kraftfutterportionen im Melkstand

Die im vorliegenden Betrieb gefütterten Rationen können Tabelle 7.1 entnommen werden.

Tab. 7.1: Übersicht der gefütterten Rationen

Tiergruppe	Rationszusammensetzung	Rationseckparameter und „Kommentare"
Laktierende Kühe	**Aufgewertete Grundfutterration:** 50 % Gras (1. Schnitt, eiweißarm) und 50 % Maissilage (bezogen auf die TM) + 2 kg Rapsextraktionsschrot + 1 kg Triticale + 160 g Mineralfutter	**NEL: 6,6 MJ/kg TM** XP: 15,1 % i.d.TM nXP: 146 g kg i.d.TM XF: 20,2 % i.d.TM Zucker + Stärke: 22,9 % i.d.TM ➥ 26,4 kg Milch aus NEL ➥ 26,1 kg Milch aus nXP *„Die Eiweißversorgung ist etwas knapp."*

Fortsetzung Tab. 7.1

<table>
<tr><td rowspan="2">Laktierende Kühe</td><td>Milchleistungsfutter (20/4) im Melkstand
Färsen ab 26 kg → max. 4 kg
Kühe ab 28 kg → max. 6 kg
Kraftfutterzuteilung:
→ begann am 2. Laktationstag mit 3 kg Kraftfutter im Melkstand
→ nach der 1. Laktationswoche erhielten die Tiere 4 kg Kraftfutter im Melkstand
→ nach der 2. Laktationswoche erhielten die Tiere 6 kg Kraftfutter im Melkstand</td><td>„Vorsicht: nicht mehr als 2,5 kg (max. 3 kg) pro Melkzeit anbieten, sonst besteht Pansenazidosegefahr. Sinnvoller ist die Aufwertung der Ration am Futtertisch, zumal die Kraftfutterzuteilung bei den Kühen bereits ab 26–27 kg Milch und bei den Färsen ab 25 kg erfolgen sollte. Auch sind die höchstleistenden Tiere mit der insgesamt gefütterten Kraftfuttermenge energetisch sehr knapp versorgt worden."</td></tr>
<tr><td>Im Sommer 4,5 Std. Weidegang (10:30–15:00 Uhr), nach vorheriger Fütterung der Winterration im Stall</td><td></td></tr>
<tr><td>Früh-Trockensteher</td><td>3. oder 4. Schnitt Grassilage
+ Trockenstehermineral in Form einer Leckmasse</td><td>„Eine genauere Mineralfutterversorgung ist durch die Vorlage des Trockenstehermineral (ca. 70 g/Tier und Tag) mit der Ration am Futtertisch zu erreichen."</td></tr>
<tr><td rowspan="2">Transitkühe/ Anfütterung</td><td>14 Tage vor der Kalbung kommen die Transitkühe in die laktierende Herde (im Sommer mit der Kuhherde auf der Weide) und erhalten die aufgewertete Grundfutterration der Kühe.</td><td></td></tr>
<tr><td colspan="2">„Da die gefütterten Grassilagen in diesem Betrieb grundsätzlich K-arm (20 g K/kg TM) waren (die Gülle erhielten die Maisflächen) und die Ration neben Gras-, auch Maissilage enthielt und damit einen relativ niedrigen DCAB-Wert aufwies (ca. 100 meq/kg TM), ging von dieser Ration keine große Milchfiebergefahr aus."</td></tr>
<tr><td rowspan="2">Jungrinder 6–12 Monate</td><td>Mais- und Grassilage der laktierenden Kühe (50:50 %, bezogen auf die TM) + 0,75 kg Milchleistungsfutter (20/3) und Leckmasse</td><td>NEL: 6,3 MJ/kg TM
XP: 13 % i.d.TM</td></tr>
<tr><td colspan="2">„Die Nährstoff- und Energieversorgung ist ausreichend. Die Mineralstoffversorgung mittels Leckmasse ist unsicher. Besser wäre die Gabe von 40–50 g/Tier und Tag eines ausbalancierten Mineralfutters für Rinder über die Ration."</td></tr>
<tr><td rowspan="2">Jungrinder ab 12 Monate</td><td>Grassilage 3. oder 4. Schnitt
+ Mineralfutter für Rinder in Form einer Leckmasse</td><td></td></tr>
<tr><td colspan="2">„Auch hier gilt, dass die Mineralstoff- und Vitaminversorgung besser kalkulierbar ist als bei freier Aufnahme der Leckmasse, wenn die Menge an Mineralfutter in die Ration eingemischt wird. Eine Grassilage des Folgeschnitts deckt i.d.R. immer den Energiebedarf dieser großen Jungrinder."</td></tr>
</table>

Wasserversorgung: für die Trockensteher ungenügend

Die Wasserversorgung in der laktierenden Herde war mit drei 1 m breiten Trogtränken und einer 35 cm breiten Ventiltrogtränke einigermaßen ausreichend. Für die 15 Trockensteher und 40 Färsen stand jedoch nur eine Schalentränke zur Verfügung.

Fachkommentar

„Unzureichendes Tränkwasserangebot führt immer zu einer Beeinträchtigung der Futteraufnahme. Fressen dadurch die trockenstehenden Tiere nicht genug, erreichen sie auch nach der Kalbung nur eine schlechte Futteraufnahme. Die Futteraufnahme vor der Kalbung steht in enger Beziehung zur Futteraufnahme nach der Kalbung. So weisen diese Tiere dann eine deutlich längere und viel negativere Energiebilanz auf und geraten viel öfter in eine Ketose.“

Körperkonditionsbeurteilung: in der Frühlaktation stark abgemagert

Die BCS-Auswertung der Milchkühe (Abb. 7.3) zeigte eine insgesamt sehr ausgeglichene Herde. Jedoch fiel auf, dass mehrere Tiere in der Frühlaktation stark abmagerten.

Abb. 7.3: Verteilung der Körperkonditionsnoten in der Herde

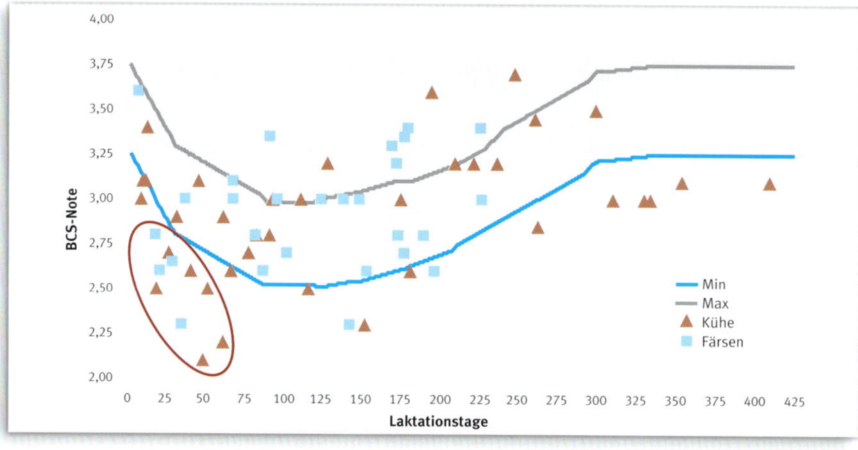

Dafür wurden vier Schwachpunkte verantwortlich gemacht:

- schlechte Liegeboxenqualität bei den Trockenstehern und der laktierenden Herde
- mangelnde Wasserversorgung im Trockensteherbereich
- schlechte Klauengesundheit (aufgrund unzureichender Klauenpflege und mangelndem Liegekomforts)
- gehäuft Mastitiden zu Laktationsbeginn (begünstigt durch hohen Infektionsdruck im Abkalbebereich aufgrund mangelnder Reinigung)

Diese vier Punkte bewirkten alle dasselbe: mangelnde Futteraufnahme und mangelnde Pansenfüllung in den ersten Laktationswochen und damit eine steigende Gefahr für Ketosen und Labmagenverlagerungen.

Betriebsberatung

Problembeschreibung

In diesem Betrieb traten gehäuft Klauen- und Eutererkrankungen auf. Krankheits- und haltungsbedingt (schlechter Liegekomfort, Wassermangel) nahmen die Tiere wenig Futter auf und gerieten in der Frühlaktation somit in einen ausgeprägteren Energiemangel (Ketose). Das zur Nacherwärmung neigende Futter führte in Kombination mit der täglich nur einmaligen Futtervorlage zur weiteren Beeinträchtigung der Futteraufnahme.
Eine Labmagenverlagerung ist immer die Kombination aus mehreren Ursachen. In jedem Fall aber sind die mangelnde Futteraufnahme und die damit unzureichende Pansenfüllung dann die entscheidenden Auslöser.

Maßnahmen

Im Folgenden werden alle Maßnahmen aufgelistet, die im Rahmen der Betriebsberatung zu einer Verbesserung der Situation führen sollten.

Fütterung

- ☑ Futtervorlage zweimal täglich (zumindest während der warmen Jahreszeit, vor allem bei nacherwärmten Silagen), um einer Nacherwärmung der Ration im Stall wirksam zu begegnen
- ☑ Bei der Silagebereitung/beim Silomanagement besonders achten auf:
  - maximale Verdichtung
  - ausreichenden Vorschub (mindestens 2 m / Woche bei jedem geöffneten Silo)
  - eine der Tierzahl angepasste Silogeometrie (Anschnittfläche)
- ☑ Mineralfutter für alle Tiergruppen in die Rationen einmischen
- ☑ Kraftfuttermenge längerfristig bei Anschaffung des geplanten Futtermischwagens erhöhen und damit die Kraftfuttermenge im Melkstand (je Mahlzeit) verringern

Haltung

- ☑ Hygiene im Abkalbebereich verbessern:
  - 14-tägig reinigen, zumindest spätestens nach fünf Kalbungen
  - Neubau planen, um die Reinigung zu mechanisieren
- ☑ Eine separate Krankenbox einrichten
- ☑ Zusätzlich eine Trogtränke im Trockensteherbereich installieren
- ☑ Liegeboxen der laktierenden Tiere:
  - Einstreumenge erhöhen, um die Liegezeit der Kühe und Färsen zu verlängern
  - für eine bessere Mattenbildung Kurzhäckselstroh (max. 4 cm) verwenden
  - Liegeboxen mindestens zweimal wöchentlich, am besten täglich, einstreuen
  - Liegeboxen kalken, um den Erregerdruck zu senken und die Einstreu abzutrocknen

- Liegeboxen der Trockensteher:
  - Hochboxen entweder zu Tiefboxen umbauen oder
  - mit Komfortliegematten ausrüsten

Klauenpflege

- Die Klauenpflege sollte zweimal jährlich von einem professionellen Klauenschneider übernommen werden. Dabei sind auch alle Jungrinder in den letzten drei bis vier Monaten vor der ersten Kalbung mit einzubeziehen. Darüber hinaus ist je nach Bedarf zusätzlich eine Klauenpflege durchzuführen, vorteilhaft vor dem Trockenstellen.

Tiergesundheit

- Mastitisbekämpfungsplan mit der Tierärztin besprechen
- Kühe mit Mortellaro im Klauenstand mit Blauspray behandeln; Laufwege trocken und sauber halten, um den Infektionsdruck auf die Ballenhaut zu senken.

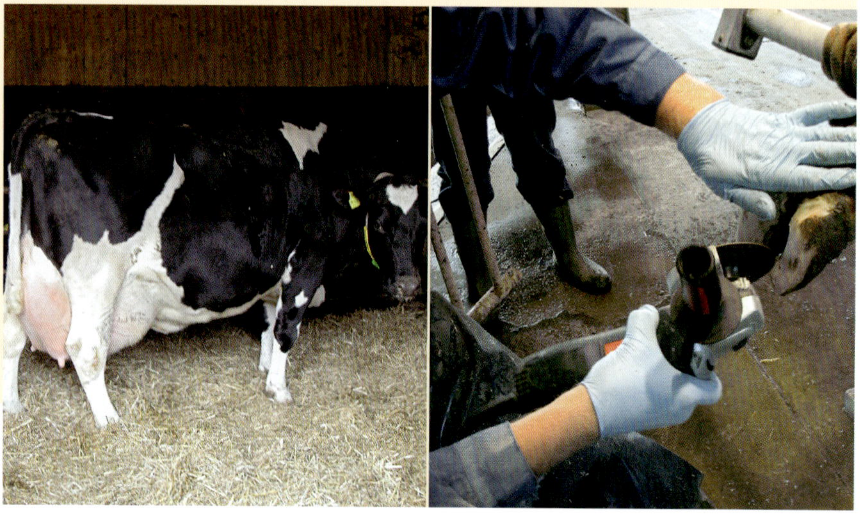

Durch einfache Umbaumaßnahmen wurde eine zusätzliche, leichter zu reinigende Kalbebox geschaffen. (li.)

Eine professionelle, regelmäßige Klauenpflege ist die Basis für eine gute Klauengesundheit. (re.)

Landwirt: *„Wir sind als erstes an die Liegeboxen gegangen und streuen jetzt die Tiefboxen der Kühe alle zwei Tage ordentlich ein, so dass überall eine weiche Matte vorhanden ist. Die Hochboxen haben wir mit Matratzen ausgelegt.*

Die Trockensteher erhielten eine weitere Tränke und die Abkalbebox habe ich umgebaut, so dass sie sich nun mit dem Frontlader ausmisten lässt. Gerade letzteres war ein wichtiger Punkt, denn jetzt wird viel häufiger ausgemistet.

Außerdem füttern wir nun zweimal täglich, zumindest solange, bis diese warme Grassilage aufgebraucht ist. Danach mache ich die Anzahl neuer Mischungen davon abhängig, wie stabil die Silagen sind.

Die Einstiegsleistung meiner Kühe war vorher auch schon gut, aber jetzt ziehen alle Tiere auch zur zweiten Milchkontrolle an. Zudem habe ich weniger Tiere mit Zellzahlproblemen in der Frühlaktation. Zwar verbringe ich mit dem Einstreuen der Liegeboxen jetzt mehr Zeit, aber insgesamt läuft es stressärmer in der Herde, so dass ich sogar Zeit, vor allem aber Nerven, spare."

Tierärztin: *„Die Verbesserung der Haltungsbedingungen der Trockensteher und der Hygiene im Abkalbebereich waren wichtige Punkte in diesem Betrieb, die sich positiv auf die Tiergesundheit ausgewirkt haben. Jetzt muss ich meinen Landwirt nur noch dazu bewegen, mit einem guten Klauenpfleger schnellstmöglich einen Termin zu vereinbaren, damit wir auch hier eine klare Linie bekommen."*

Checkliste

zur Beurteilung von Haltung, Fütterung und Tiergesundheit

Die auf den folgenden Seiten dargestellte Checkliste verdeutlicht die Vorgehensweise der Betriebsberatung auf den im Buch genannten Praxisbetrieben. Haltung, Fütterung sowie die Tiergesundheit wurden unter die Lupe genommen. Die einzelnen Bereiche erhalten je nach Problemstellung des betreffenden Betriebes eine mehr oder weniger starke Berücksichtigung.

Inhaltsverzeichnis

1. Betriebsdaten **107**

2. Problembeschreibung **107**

3. Betriebsdaten und -informationen **107**

3.1 Molkereirückberichte 107
3.2 Milchkontrollergebnisse (MLP-Daten) 109
3.3 Kennzahlen Eutergesundheit 112
3.4 Fruchtbarkeitsdaten 113
3.5 Rationsberechnungen 113
3.6 Futtermischprotokolle 114
3.7 Produktionsabläufe 114
3.8 Fütterung und Haltung der Trockensteher, Transitkühe 114
3.9 Frischabkalbermanagement 114

4. Problemursachen eingrenzen **115**

5. Betriebsrundgang **115**

5.1 Stall 115
5.2 Futter 120
5.3 Wasser 122
5.4 Gesamteindruck der Herde 123
5.5 Maßnahmenplan (Protokoll) 127
5.6 Erfolgskontrolle 127

1. Betriebsdaten

– Kontaktdaten

– LKV-Nummer

2. Problembeschreibung des Betriebsleiters und der betreuenden Tierärztin bzw. des Tierarztes

3. Betriebsdaten und -informationen

3.1 Molkereirückberichte

Molkereirückberichte liefern zahlreiche Daten, um die Stoffwechselgesundheit der Herde zu kontrollieren und die Fütterung zu beurteilen.

Milchleistung und Milchinhaltstoffe	Bemerkungen für den Betrieb
Milchmenge im Tank = Tagesmilchmenge/Kuh x Anzahl gemolkener Tiere	Tagesmilchmenge/Kuh: bei Differenzen von über 10–15 % im Vergleich zur berechneten Milchmenge (laut Rationsvorgabe) sind folgende Ursachen möglich: • unzureichende Futter-, Wasserversorgung, -aufnahme • keine bedarfsgerechte Fütterung • Stoffwechselstörungen (Ketose, Labmagenverlagerung), Euterentzündungen, Fruchtbarkeitsstörungen • zu schnelle Anfütterung nach der Kalbung, mangelnde Grundfutteraufnahme (Azidose) • Strukturmangel in der Futterration • Kraftfuttermengen werden nicht abgerufen
Milchmenge, Fett-, Eiweiß-, Harnstoffgehalt, Keim- und Zellzahl	Vergleich der wöchentlichen Werte bzgl. möglicher Veränderungen innerhalb eines Monats bzw. mehrerer Monate (siehe Ausdruck S. 106)

Im folgenden Beispiel sind im Molkereirückbericht für den Monat August niedrige Milchfett- und Eiweißgehalte gekennzeichnet. Ursache dafür war die hitzebedingte zurückgegangene Futteraufnahme in der Herde. Im Oktober normalisierten sich die Inhaltsstoffe wieder. Ein weiterer Anstieg der Milchfettwerte war im November nach einer Rationsänderung zu verzeichnen.

Molkereirückbericht

Gütebuch

Datum 29.08.03
M12/Seite 51

P-Datum	Fett	Eiw.	FFT	Zell	Keim	Gefr.	Hemm.	HST	STR
05.08			–	–	10				
09.08	3.45	3.12	8.68	173		-0.529	Neg.	280	Neg.
14.08	3.53	3.02	8.49	200		-0.520	Neg.	328	
16.08	–	–	–	–	10				
19.08	3.50	3.10	8.56	257		-0.520	Neg.	296	
26.08	3.44	3.12	8.52	237		-0.521		280	
28.08	–	–	–	–	10				
MW-Bew.	3.48	3.09	8.56	223	10	-0.523	Neg.		
MW-Monat				214	10				

P-Datum	Fett	Eiw.	FFT	Zell	Keim	Gefr.	Hemm.	HST	STR
04.10	3.60	3.24	8.64	246		-0.521	Neg.	270	Neg.
07.10	–	–	–	–	17				
16.10	3.58	3.34	8.87	223		-0.523	Neg.	278	
18.10	–	–	–	–	10				
21.10	3.75	3.35	8.78	239		-0.519	Neg.	269	
28.10	–	–	–	–	10				
30.10	3.66	3.34	8.76	211		-0.518		241	
MW-Bew.	3.65	3.32	8.76	232	12	-0.520	Neg.		
MW-Monat				229	12				

P-Datum	Fett	Eiw.	FFT	Zell	Keim	Gefr.	Hemm.	HST	STR
06.11	–	–	–	–	10				Neg.
08.11	3.65	3.35	8.79	184		-0.522	Neg.	235	
13.11	3.89	3.33	8.75	204		-0.521	Neg.	239	
15.11	–	–	–	–	10				
18.11	3.94	3.36	8.81	222		-0.524		272	
25.11	3.83	3.31	8.81	207		-0.520	Neg.	247	
27.11	–	–	–	–	10				
MW-Bew.	3.83	3.34	8.79	228	11	-0.522	Neg.		
MW-Monat				204	10				

P-Datum	Fett	Eiw.	FFT	Zell	Keim	Gefr.	Hemm.	HST	STR
04.12	3.91	3.33	8.82	365		-0.520	Neg.	268	
06.12	–		–	–	10				Neg.
13.12	3.79	3.27	8.76	179		-0.520	Neg.	204	
16.12	–		–	–	10				
18.12	3.85	3.22	8.72	181		-0.520	Neg.	239	
22.12			–		10				
29.12	3.75	3.20	8.67	305		-0.520		245	
MW-Bew.	3.83	3.26	8.74	225	10	-0.520	Neg.		
MW-Monat				245	10				

3.2 Milchkontrollergebnisse (MLP-Daten)

Aus den Daten der Milchleistungsprüfung lassen sich bestimmte Schlussfolgerungen für den Betrieb ziehen.

Ergaben sich Veränderungen der Herdendurchschnittsleistung im Jahresverlauf?
- ➥ Bei Reduzierung: Fütterungs-, Haltungs-, Gesundheitsveränderungen in der Herde sind mögliche Ursachen

Haben die Kühe nach 5–10 Wochen (entspricht der zweiten bzw. dritten Milchkontrolle nach der Kalbung) ihre Höchstleistung (Peak) erreicht?
- ➥ Tritt die erwartete Peakleistung nicht ein: v. a. Eiweißversorgung und Trockensteherfütterung überprüfen

Liegt die Höchstleistung der Färsen max. 25 % unter der der Kühe?
- ➥ Ist die Differenz größer: besonders die Haltung und Fütterung in der Jungrinderaufzucht, die Färseneingliederung in den Kuhbereich und die Anfütterung der Färsen überprüfen

Milchleistung zu Laktationsbeginn bei einer Herdendurchschnittsleistung von ca. 10.000 kg pro Tier und Jahr

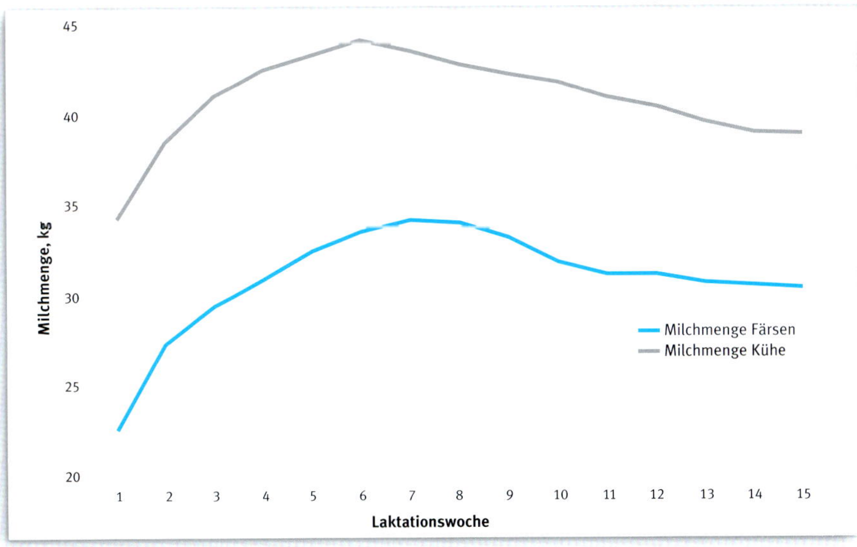

Ist die Persistenz der Laktationskurve erwartungsgemäß, d.h. die Milchmenge bei Färsen sinkt nach dem Laktationspeak um nicht mehr als 6 %, bei älteren Kühen um nicht mehr als 9 % pro Monat?
- ➥ Wenn die tägliche Leistung stärker abfällt: v.a. die Energieversorgung durch die Ration und eventuelle ketotische Stoffwechsellagen (F/E › 1,5) überprüfen

Beträgt die Differenz zwischen der Durchschnittsleistung aller Tiere des ersten Laktationsdrittels und dem Mittelwert der beiden höchsten Milchleistungen innerhalb der ersten drei Milchkontrollen (Peak) nicht mehr als 2,3 kg?

➥ Größere Differenzen deuten auf Probleme in der Frühlaktation (gesundheitliche Störungen, unzureichende Energieversorgung) hin.

Wie homogen ist die Milchviehherde?

➥ Die Milchleistung beim Trockenstellen lässt Rückschlüsse auf die Homogenität einer Herde zu. Liegt die Tagesmilchmenge zum Trockenstellen bei ca. 80% der Tiere weniger als 5 kg auseinander, ist die Herde sehr homogen.

Fachkommentar

„Die Persistenz einer Laktationskurve ist dann optimal, wenn die Milchmenge bei Färsen alle 10 Tage um ca. 2 % bzw. bei älteren Kühen um ca. 3 % je Monat sinkt. Kühe mit hoher genetischer Veranlagung tendieren zu höherer Peakleistung, erreichen den Maximalwert später und zeigen eine bessere Persistenz.

Milchinhaltstoffe	Bemerkungen für den Betrieb
Milchfett = Parameter für die Energie-/ Strukturversorgung **Zielwerte** • Laktationsbeginn: nicht mehr als 0,3–0,4 % unter dem Herdendurchschnitt • Laktationsende: nicht mehr als 0,3–0,4 % über dem Herdendurchschnitt	Hoher Fettgehalt (> 5 %) und kombiniert mit niedrigem Eiweißgehalt ➥ zu wenig Energie aufgenommen, stattdessen massiv Körperreserven abgebaut (Ketoseverdacht; Lösung: siehe Praxisfälle 1 und 2) Hoher Fettgehalt in Kombination mit hohem Eiweißgehalt ab Laktationsmitte ➥ energetische Überversorgung Niedriger Fettgehalt (< 3,6) ➥ Strukturprobleme (Azidose) **Fettgehalt optimieren** ➥ hohe Grundfutteraufnahme ➥ bedarfsgerechte Strukturversorgung ➥ Überversorgung an schnell fermentierbaren Kohlenhydraten vermeiden
Milcheiweiß = Parameter für Energie-, aber auch Eiweißversorgung **Zielwerte** (für Schwarzbunte): • Laktationsbeginn: nicht unter 3,2 % • Laktationsende: nicht über 3,6 %	**Eiweißgehalt maximieren** ➥ Bedarfsgerechte Versorgung mit XP und nXP ➥ RNB der Ration nicht < 0 g/kg TM ➥ UDP von 30 % bei Milchleistungen > 30 kg/Tier und Tag ➥ ausreichend fermentierbare Kohlenhydrate (Zucker und Stärke)
Fett/Eiweiß-Quotient der Milch **Zielwerte:** 1,2–1,4	Fett : Eiweiß: > 1,5 = Ketose /Energiemangelgefahr Fett : Eiweiß: < 1,0 = Azidosegefahr **Lösung: Rationsparameter kontrollieren** ➥ Stärkegehalt der Ration: < 28 % i.d.TM ➥ NFC: < 40 % i.d.TM ➥ Fettgehalt: < 5 % i.d.TM ➥ Rohfasergehalt: > 16 % i.d.TM ➥ strukturwirksame Rohfaser: > 9,5 % i.d.TM ➥ physikalisch effektive NDF (Grobfutter): > 17 % i.d.TM ➥ Strukturwert nach DeBrabander: > 1,2

Harnstoffgehalt

Der Harnstoffgehalt in der Milch ist immer im Zusammenhang mit dem Milcheiweiß (Energieversorgung) zu sehen.

Milcheiweißgehalt	Milchharnstoffgehalt		
	< 150 mg/kg	150–300 mg/kg	> 300 mg/kg
< 3,20 %	Eiweiß- und Energiemangel	Energiemangel	Eiweißüberschuss und Energiemangel
3,20–3,60 %	Eiweißmangel und leichter Energieüberschuss	Eiweiß und Energie ausgeglichen	Eiweißüberschuss, leichter Energiemangel
> 3,60 %	Eiweißmangel und Energieüberschuss	Energieüberschuss	Eiweiß- und Energieüberschuss

3.3 Kennzahlen Eutergesundheit

Eutergesundheit (Ziel)	Bemerkungen für den Betrieb
Durchschnittliche Zellzahlen für die Herde nicht > 150.000 Zellen/ml	
Nicht mehr als 5 % Färsen mit > 100.000 Zellen/ml	
Nicht mehr als 8 % Tiere mit > 400.000 Zellen/ml	
Nicht mehr als 2 % Millionäre	
Ausheilungsgrad[1] nach dem Trockenstellen > 75 %	
Abgänge wegen mangelnder Eutergesundheit max. 4 % pro Jahr in der Herde	

[1]Zellzahlen zum Trockenstellen und in der ersten Milchkontrolle p.p., Zellzahl der Färsen in der ersten Milchkontrolle p.p., Zellzahlentwicklung der einzelnen Kühe (Behandlungserfolg beobachten)

3.4 Fruchtbarkeitsdaten

Fruchtbarkeitskennzahlen (Ziel)	Bemerkungen für den Betrieb
Rastzeit: 85 Tage	
Trächtigkeitsrate nach Erstbesamung: › 55 %	
Zwischentragezeit/Güstzeit: 85 Tage bei einer Herdendurchschnittsleistung ‹ 8.000 kg 100 Tage bei einer Herdendurchschnittsleistung › 8.000 kg 125 Tage bei einer Herdendurchschnittsleistung › 9.000 kg	
Besamungsindex: 1,8 Kühe, ≤ 1,5 Färsen	
Abgangsrate wegen Unfruchtbarkeit: nicht › 7 % in der Herde	

3.5 Rationsberechnungen

(inkl. Grundfutteranalysen, Kraftfutter- und Mineralfutterzusammensetzungen)

Folgende Parameter sollte der Landwirt dem Berater zur Verfügung stellen können. Sie sind zwangsläufig notwendig, um die Fütterung einer Milchkuhherde einschätzen und gestalten zu können.

Merkmal	Parameter	Bemerkungen für den Betrieb
Verfütterte bzw. zur Fütterung anstehende …		
… Grassilagen	TM, XF, ADF, NDF, XA, XP, nXP, RNB, XZ, NEL, Mineralstoffe (Mengenelemente)	
… Maissilagen	TM, XF, ADF, NDF, XA, XP, nXP, RNB, XS, NEL, Mineralstoffe (Mengenelemente)	
… Kraftfutter	Prozentuale Zusammensetzung, XF, ADF, NDF, XA, XP, nXP, RNB, UDP, XL, XZ, XS, NEL, Mineralstoffe (Mengen- und Spurenelemente, Vitamine)	
… Mineralfutter	Mengen- und Spurenelemente, Vitamine	
Rationsberechnungen für laktierende Kühe, Trockensteher, Transitkühe (Anfütterung), Kälber, Jungrinder im 1. und 2. Jahr		

3.6 Futtermischprotokolle

Merkmal	Bemerkungen für den Betrieb
Stimmen die entsprechend der Rationsberechnung vorgegebenen mit den tatsächlichen geladenen Futtermengen überein?	

3.7 Produktionsabläufe
(Betriebsorganisation, Fütterungssysteme, Jungviehmanagement)

Auffälligkeiten:

3.8 Fütterung und Haltung der Trockensteher, Transitkühe

Auffälligkeiten:

3.9 Frischabkalbermanagement

4. Problemursachen eingrenzen

5. Betriebsrundgang

5.1. Stall

Merkmal und Ziel	Gründe für Abweichungen	Bemerkungen für den Betrieb
Stall allgemein (Licht, Luft)		
Ist der Stall hell, luftig, komfortabel?	➥ Dunkel, stickig, feucht ➥ Sackgassen: bauliche Fehler, Überbelegung ➥ Fliegenplage: mangelhafte Fliegenbekämpfung, mangelnde Hygiene	
Liegeboxen		
Nehmen die Tiere die Liegebuchten an? **Empfohlene Maße:** Wandboxen: 1,25 m breit, 2,50 m (Hochbox) Doppelboxen: 1,25 m breit, 2,40 m (Hochbox) Tiefbox: mind. 10 cm länger als Hochbox, da rückseitige Abgrenzung zum Laufgang durch Streuschwelle 	➥ unbequeme Liegeboxen ➥ falsche Liegeboxenmaße	

Fortsetzung Tab. 5.1

Gibt es Spaltenlieger?	➥ unbequeme Liegeboxen ➥ schlechte Luftverhältnisse ➥ Überbelegung ➥ Jungrinderaufzucht auf Vollspalten	
Sind vermehrt Kühe und Liegeflächen schmutzig?	➥ falsche Liegeboxenmaße ➥ schlechte Liegeboxen, Laufflächenhygiene ➥ Überbelegung ➥ dünnflüssiger Kot	
Liegen › 85 % der Kühe in den Liegeboxen richtig?  **Liegeboxenkomfort-Index (LKI %):** $= \frac{\text{Anzahl der korrekt liegenden Kühe in Boxen} \times 100}{\text{Anzahl aller Kühe in Boxen (auch stehend)}}$ **Ziel: LKI › 85**	➥ falsche Liegeboxenmaße ➥ schlechte Liegeboxenhygiene	
Steht ein Großteil der Herde ohne Aktivitäten herum?	➥ unbequeme Liegeboxen ➥ schlechte Laufflächen ➥ ungenügende Futterversorgung ➥ schlechte Futterqualität ➥ schlechte Luft ➥ tiergesundheitliche Probleme	
Hat sich die Herde gleichmäßig über den Stall und die Liegeboxen verteilt?	➥ Wenn Tiere vermehrt nur bestimmte Stallbereiche aufsuchen, sind besonders die Luftverhältnisse oder Liegeboxenqualitäten unterschiedlich.	

Fortsetzung Tab. 5.1

Laufflächen		
Sind die Laufflächen sauber und rutschfest? 	➥ mangelnde Laufflächenqualität ➥ unzureichende Säuberung	
Können zwei Tiere ungehindert aneinander vorbeigehen? Können am Fressgang hinter dem stehenden, fressenden Tier zwei weitere Tiere ungehindert aneinander vorbeigehen? **Empfohlene Maße:** zwischen den Liegeboxenreihen 2,50 m  Fressgang (am Futtertisch) 3,50–4,50 m  Durchgänge von 2 m Breite alle 10–15 Liegeboxen, Sackgassen vermeiden	➥ zu eng	

Liegeboxen: die fünf häufigsten Probleme

Kühe stehen/liegen nur halb in der Box
- Fehlender Kopfschwungraum für das Aufstehen (ca. 170 cm Länge + 50 cm Kopfraum + 20–50 cm Schwungraum)

Behinderung durch Nackenriegel (zu niedrig, zu weit hinten montiert)
- Montierung mind. 115 cm über Einstreuschicht, 168 cm von der hinteren Boxenkante entfernt

Kühe und Liegeflächen sind schmutzig
- Sitzbein sollte über Kotstufe hinaus ragen (ggf. Bugbrett etwas zurücksetzen)
- Nackenriegel nicht zu hoch montieren, damit Kuh bei Aufstehen zurücktritt
- Boxenpflege, Einstreu nicht ausreichend

Kühe liegen schräg in den Boxen und verschmutzen diese und die Nachbarbox, Verletzungsgefahr!
- Box ist zu breit und zu kurz,
- fehlender Kopfraum
- zu hohes Bugbrett

Gelenke der Kühe sind haarlos, schorfig/wund oder stark verdreckt
- Liegebelag ist zu hart
- unzureichende Boxenpflege
- zu wenig Einstreu

Abkalbebedingungen

Fachkommentar

„Abkalbeboxen müssen zahlreich vorhanden und großräumig sein. Färsen und Kühe sind durch den Geburtsvorgang gestresst und deshalb in dieser Phase besonders anfällig für Infektionen. Darum muss in diesem sensiblen Bereich besonders auf Hygiene geachtet werden."

Abkalbebox	Bemerkungen für den Betrieb
4 Abkalbeplätze pro 100 Kühe (ganzjährige Kalbung)	
Einzelkalbungen oder Gruppenkalbung (maximal 6 Tiere)	
12 m^2 pro Tier einplanen	
Rechtzeitiges Umstallen vor der Kalbung (nicht erst beim Einfallen der Beckenbänder)	
Frischluft, keine Zugluft, hell erleuchtet, gut zugänglich	
Sichtkontakt zur Herde	
Täglich werden 8–12 kg Stroh pro Tier eingestreut	
Abkalbebucht je nach Belegung alle zwei Wochen komplett misten; muss maschinell auszumisten sein	
Einmal jährlich desinfizieren (bei Problemen öfter)	
Tiere haben jederzeit Zugang zu frischem Wasser und Futter – nach Möglichkeit keine Schalen-, sondern Trogtränken – nach Möglichkeit das Futter am Futtertisch, nicht in einer Karre oder einem Bottich anbieten (schnell schlechte Geruchsbildung)	
Flüssigkeit sofort nach der Kalbung anbieten (vorteilhaft ist ein Warmwasseranschluss in der Nähe)	
Kühe können notfalls zur Behandlung fixiert werden	
Nicht als Krankenstall nutzen!	
Nach Möglichkeit mit Vorrichtung zum Hochziehen des Kalbes	
Vorteilhaft ist Ausstattung mit Melkvorrichtung	

5.2 Futter

Überprüfung von Futterqualität, Futtertisch, Zugang zum Fressen

Ist der Futtertisch sauber und frei von Schmierschichten? Wird er täglich gereinigt?

Ist das Futter auf dem Futtertisch auch noch nach 12 bzw. 24 Stunden kalt?

Sieht das Restfutter aus wie das frisch vorgelegte Futter und riecht es auch so?

Mischgenauigkeit/-qualität: Ist das Futter homogen vermischt? Sieht die Mischung am Futtertischende genauso aus wie die am Futtertischanfang?

Ist das Futter gemust? Sind die Partikel lang genug? (Sicherung der Strukturversorgung/ Wiederkäuergerechtheit)

Die Ration ist gut strukturiert. (li.)

Diese Ration wurde zu lange gemischt und hat so teilweise an Struktur verloren („gemust“). (re.)

Mit Hilfe der Schüttelbox erhält man einen ersten Hinweis über die Strukturwirkung einer Ration.

Sortieren die Kühe beim Fressen?

Ist das Futter für alle Tiere der Herde (auch und besonders für die rangniederen Erstkalbskühe) erreichbar?

- Optimal ist ein Tier/Fressplatz-Verhältnis von 1:1. Nur bei besten Haltungs- und Fütterungsbedingungen kann es auf max. 2:1 ausgedehnt werden.
- Fressplatzbreite: 50 cm, bei Frischabkalbern und Erstkalbskühen: 75 cm

Finden die Kühe nach dem Melken frisches Futter vor?

Finden die Kühe mind. 20 Stunden am Tag (möglichst frisches) Futter vor?

- Optimal ist eine zweimalige Futtervorlage am Tag. Bei besten Silagequalitäten (aerob stabil) und häufigem Futter heranschieben (6 x/Tag) kann auch eine einmalige Futtervorlage ausreichen.

Werden die Tiere beim Fressen durch eine zu hohe Krippenkante bzw. durch einen zu niedrigen Nackenriegel oder durch sehr dominante Kühe behindert?

- Krippenkante: max. 52 cm über Standfläche
- Nackenriegel: 115–125 cm über Standfläche

Nehmen die Tiere eine Fressposition wie auf der Weide ein (d.h. Kopf unten)?

Werden zu große Kraftfutterportionen angeboten?

- Die jeweils abrufbaren Kraftfuttermengen/Portion sollten möglichst nicht mehr als 2–3 kg betragen (sonst Azidosegefahr).

Bemerkungen für den Betrieb

„Eine Kuh, die schlecht frisst, erkennt man an einer stark eingefallenen Hungergrube. Ob die ganze Herde nicht genug Futter aufnimmt, zeigt sich erst durch den Abgleich der kalkulierten Ration mit den laut Futtermischprotokollen vorgelegten Futtermengen (gefütterte Ration) und der Ermittlung der Restfuttermenge."

Fachkommentar

5.3 Wasser

Fachkommentar

„Der Tränkwasserbedarf der Milchkühe steht in enger Beziehung zur Futteraufnahme, Milchleistung und vor allem zur Umgebungstemperatur. Als Faustzahl gilt für eine Milchkuh: 4–5 l Wasser/kg Futter-TM bzw. 3 l Wasser/kg Milch am Tag. Die Qualität des Wassers muss so gut sein, dass Sie es auch selber trinken würden. Das bedeutet, dass alle Tränken im Sommer täglich, im Winter mindestens zweimal pro Woche zu reinigen sind."

Tränkesystem

(Ventil-)Trogtränken werden im Vergleich zu Tränkebecken bevorzugt. Wichtig ist, dass sie leicht zu reinigen sind. Am besten geht das mit kippbaren Tränken mit niedrigem Wasserspiegel. Balltränken sind im Milchviehbereich ungünstig, da die Tiere zu wenig Wasser je Zeiteinheit aufnehmen können und die Reinigung der Tränke erschwert und zu aufwendig ist.

Schalentränken sind für Boxenlaufställe nicht mehr akzeptabel, da ihr Wasserdurchsatz viel zu gering ist. Trogtränken müssen einen Wasserdurchsatz von mind. 50 l/min, besser 80 l/min gewährleisten.

Tränken, Wasserdurchsatz, Reinigung	Bemerkungen für den Betrieb
Trogtränken installieren; keine Schalen- oder Balltränken	
Wasserdurchsatz: mindestens 50 l/min, besser 80 l/min	
Tränken besonders auch in der Nähe des Melkstandes installieren; Tiere saufen bis zu 2/3 ihres Wasserbedarfes nach dem Melken	
Freiraum von mind. 3 m um die Tränken herum (freier Tierverkehr), keine Sackgassen	
Je 15 Kühe sollten 60 cm frei zugängliche Wasserfläche verfügbar sein; 1 Trogtränke für 20 Tiere	
Mehrere Tiere müssen gleichzeitig saufen können	
Reinigung: im Sommer täglich, im Winter zweimal pro Woche	
Tränken täglich auf deren Funktionstüchtigkeit überprüfen	
Kriechströme vermeiden	

5.4 Gesamteindruck der Herde

Beurteilung der Tiere

Wie homogen ist die Herde (Körpermaße, Körperkondition)?

Zeigt sich das Haarkleid glänzend und glatt?

Wie ist der Gesichtsausdruck der Tiere (interessiertes Ohrenspiel)?

Kotkonsistenz

Note 1: sehr flüssig, bogenförmiger Strahl → sollte nicht im Stall auftreten

Note 2: dünnbreiig, geringe Fladenbildung → evtl. bei Weidegang oder zeitweise in der Früh-/Hochlaktation zu sehen (nicht erwünscht)

Note 3: mittelbreiig, 2–4 tellergroße Fladen (3–4 cm hoch), klebt an Stiefelspitze; ausgewogene Ration → gewünscht

Note 4: eingedickt, 5–8 cm hoch, klebt nicht an Stiefelspitze → in Frühtrockenstehphase gewünscht

Note 5: feste Scheiben, > 8 cm hoch → sollte nicht im Stall auftreten

Körperkondition

Die Körperkondition der Tiere muss immer in Kombination mit dem Laktationstag beurteilt werden. Noten zwischen 2,5 und 3,75 sind im Laktationsverlauf erwünscht.

Note 1: extrem schlecht; äußerst starke Abmagerung ➥ unerwünscht

Note 2: schlecht, deutlich magerer Gesamteindruck ➥ unerwünscht

Note 3: gut, Rahmen und Ansatz ausgewogen ➥ erwünscht

Note 4: fett, Fettansatz deutlich sichtbar ➥ unerwünscht

Note 5: extrem verfettet, hochgradig überversorgt ➥ unerwünscht

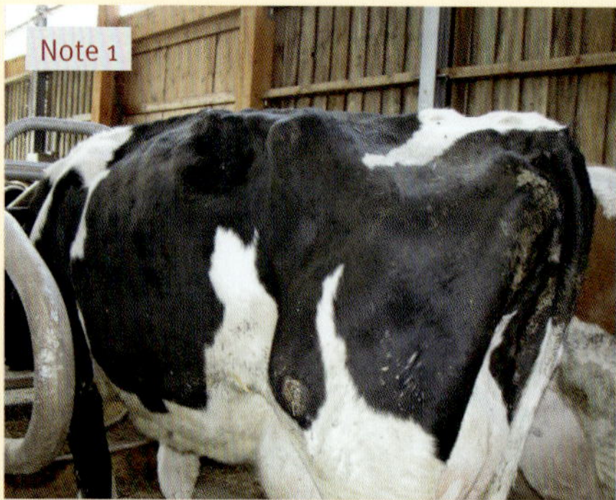

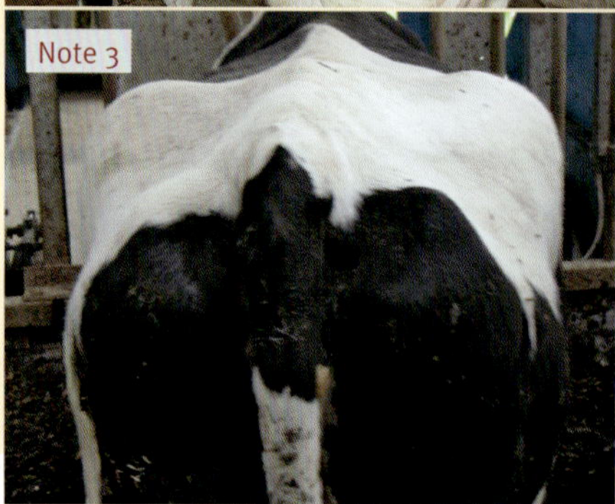

Angestrebte Körperkondition im Laktationsverlauf

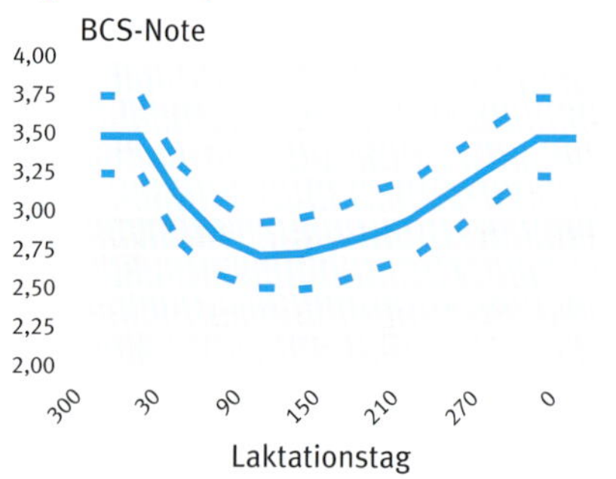

Klauen, Gliedmaßen

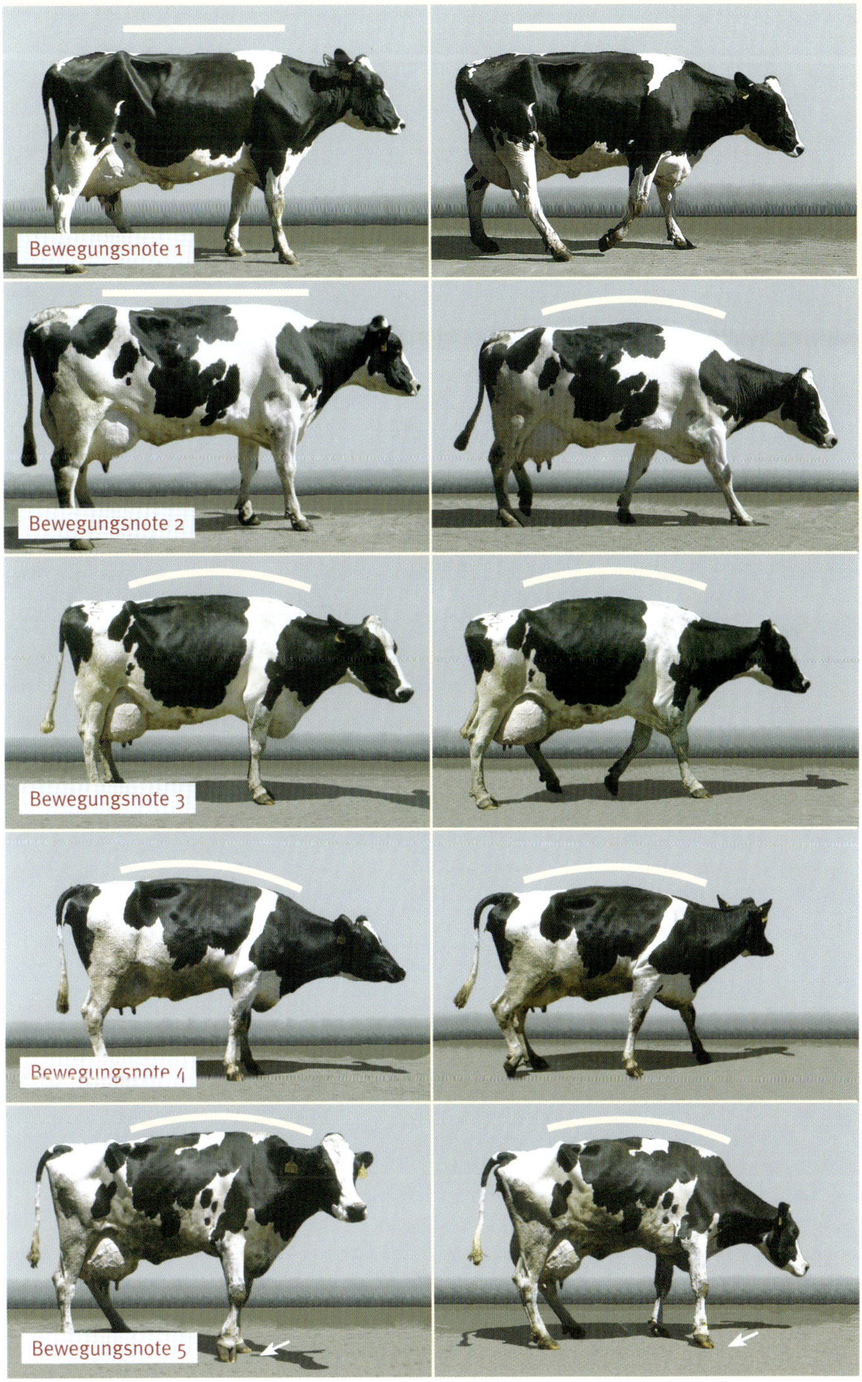

Bewegungsnote 1:
➥ normal

Bewegungsnote 2:
➥ leicht lahm

Bewegungsnote 3:
➥ mittelmäßig lahm

Bewegungsnote 4:
➥ lahm

Bewegungsnote 5:
➥ schwer lahm

(nach Sprecher et al. 1997, entnommen: www.de.availa4.de)

Pansenfüllung

Pansennote 1: extrem stark/tief eingefallene Hungergrube ➥ nicht erwünscht

Pansennote 2: eingefallene Hungergrube ➥ nicht erwünscht

Pansennote 3: vom Bauch in Richtung Wirbelsäule beginnt sich Hungergrube zu füllen ➥ für laktierende Kuh erwünscht

Pansennote 4: Haut über Dornfortsätzen verläuft erst senkrecht bauchwärts, wölbt sich dann nach außen ➥ am Laktationsende und für Trockensteher erwünscht

Pansennote 5: kein Übergang von Flanke zu Rippen, unterer Bereich der Hungergrube nach außen gewölbt ➥ nicht erwünscht

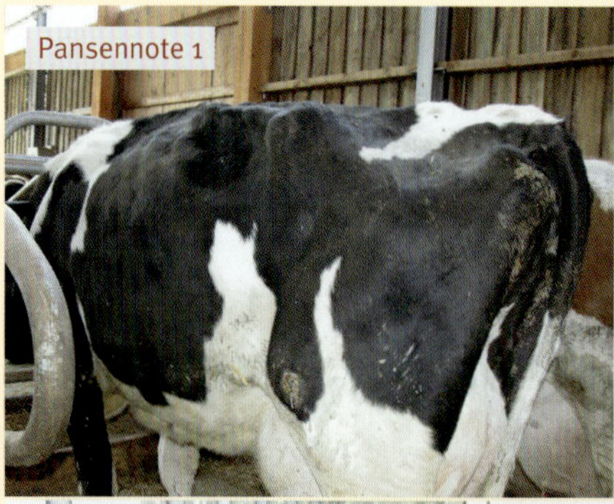

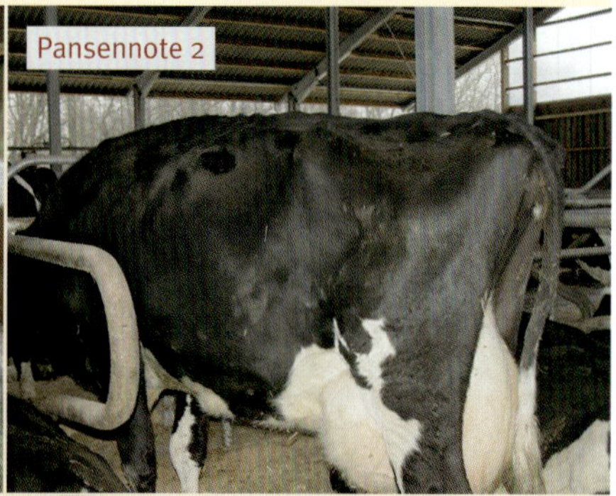

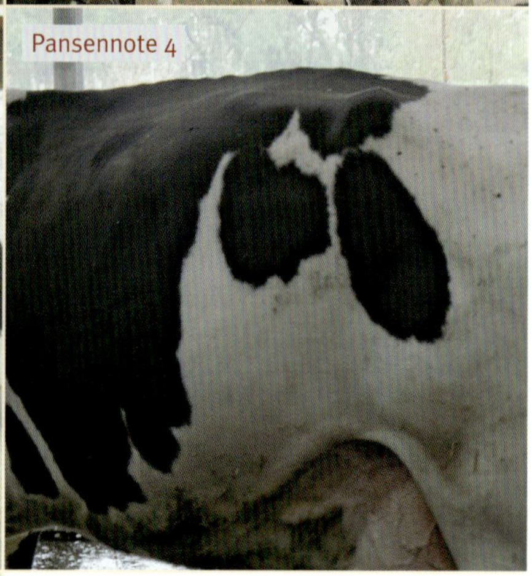

Gesundheit

Wird im Betrieb eine regelmäßige Klauenpflege durchgeführt?

Erkrankung	SOLL Anteil von ... im Jahr	IST Anteil im Betrieb im Jahr
Sohlengeschwüre	max. 5 %	
Labmagenverlagerungen	max. 3 %	
Milchfieber	max. 5 %	
klinische Ketosen	max. 1 %	
Nachgeburtsverhaltungen	max. 10 %	
Gebärmutterentzündungen	max. 10 %	

5.5 Maßnahmenplan (Protokoll)

Die Nachbesprechung sollte möglichst zusammen mit dem Tierarzt, dem Besamungstechniker, dem Klauenschneider bzw. mit allen im betreffenden Bereich tätigen Personen stattfinden.

Protokoll der Nachbesprechung:

5.6 Erfolgskontrolle

„Ein Maßnahmenplan muss kurz und verständlich geschrieben werden. Alle Beteiligten im Betrieb sollten verstehen, was zu tun ist und den Plan unterstützen. Berater begleiten die Umsetzung und führen nach einer bestimmten Zeit eine Erfolgskontrolle durch.

Fachkommentar